阿鍋
-x-

20240730

我家附近的鳥鄰居

超搞笑又認真的鳥類圖鑑

文・圖｜阿鏘　審訂｜林大利

作者序

大家好，我是阿鏘，畫畫和觀察動物是我現在生活中最重要的兩件事，我更因此經營了一個有點鏘的粉專「阿鏘的動物日常」唷！

從小我就住在都市的最邊邊，一個靠山邊、溪邊，還有水田的地方，日常最容易見到的野生動物就是鳥類。雖然大多是常見鳥種，但觀察牠們來來去去的身影，已經是生活中很重要的一部分。我記不得隔壁鄰居換過幾輪，但卻記得和二十年前比，樹鵲變多了，每天早上嘎嘎的鳥叫聲就是我的鬧鐘，緊接著臺灣藍鵲舉家從山上搬下來後，樹鵲又安靜了……我還記得第一次被黑冠麻鷺求偶聲叫到失眠的夜晚，也記得在睡過頭的日子，大中午聽到大冠鷲「揮一揮一」的鳴叫時，想到的是「啊，你也睡過頭，現在才出來嗎？」

《我家附近的鳥鄰居》開始於 Home Run Taiwan 網路平臺專欄，最初僅是想和大家分享一些關於野生動物的小知識及有趣行為，並想回答一些如「這是什麼鳥？」、「我家陽臺有鳥窩該怎麼辦？」、「撿到受傷小鳥該送去哪邊？」等網路常見問題。隨著篇幅增加也帶入更多「鳥事」，包含私養野鳥、誘拍和環境議題等讓人不太開心但真實發生的事。希望透過描繪貼近生活發生的事能讓人在對鳥覺得「好可愛」、「好有趣」外，能萌生更多興趣和想法，進而了解幫助同住在這片土地上的生物們。

若是喜歡鳥、想認識鳥，但不知從何開始的朋友，可以將本書當成一本認識鄰居的簡易指南。也希望已經和這些鄰居很熟的朋友，能從書中得到由麻雀們帶來的小趣味。

我們和人類
可以當朋友嗎？
當然！我們都是
地球村的一份子。

鳥鄰居閱讀方式

步驟一：閱讀檔案認識鳥鄰居

儲備對於鳥鄰居的基本認識，為接下來的觀察做個熱身！

步驟二：輕鬆看圖

跟著阿鏘的「獨到」眼光，認識鳥鄰居的生態、行為，以及探索意想不到觀察點！

步驟三：賞鳥小筆記知識補充

一些平常可能不知道也不甚了解的「鳥知識」，以小專欄的方式做摘要補充，為對鳥兒有興趣的人，做一個慢慢深入了解的鋪墊喔！

步驟四：附錄延伸閱讀

鳥知識Q&A➜讓你在賞鳥的同時也知道相關的時事和救傷照顧等重點喔！

臺灣縣市鳥➜特別收錄臺灣縣市鳥介紹，一次掌握最新的縣市鳥類別。

目錄

住家公園綠地

你有注意到嗎？在我們居住的城市中，
除了四處林立的高樓大廈，還有熙來攘往的你我外，
在住家附近的公園、綠地或校園中，
還有許多長居久留或是短暫經過的鳥鄰居，
快點跟著我們的腳步，一起來觀察和認識這些鄰居鳥朋友吧！

人類好朋友，不是害鳥喔！

麻雀

問鳥卦
麻雀有變少嗎？
確實有變少一些，但原因還要再研究。

學名｜*Passer montanus*
體長｜約12.5～14公分。
分布地｜歐亞大陸均可見。
特殊觀察｜經常數隻或成群活動，群聚性相當明顯。
在臺灣為普遍的留鳥，沒有季節遷移行為。

2021年4月18日，一隻誤搭上船的麻雀，在澳洲的布里斯本上岸，雖然這不是澳洲第一次有麻雀的紀錄，但由於麻雀極少在澳洲出現，因而讓當地的愛鳥人士為之瘋狂，紛紛擠在港口想一睹這隻臺灣最熟悉且常見的鳥鄰居。

　　麻雀是麻雀屬（*Passer*）下的一種鳥類，根據科學家的最近調查，麻雀屬約有28種麻雀。臺灣最常見的麻雀又稱為「樹麻雀」，還有棲息在山上十分少見的「山麻雀」，另外也曾經記錄過本不該在臺灣出現的「迷鳥」（迷途之鳥）——家麻雀等。雖然大家都是麻雀，不過仔細看，每種麻雀還是有自己的特色唷！

迪士尼系列電影《神鬼奇航》主角傑克船長的姓氏為Sparrow，跟麻雀與另一群鵐屬鳥類的英文俗名相同。

有點年代的鳥類團體「城市三劍客」

麻雀是適應力很強的小鳥，喜歡靠著人造物築巢，臺語稱麻雀是「厝角鳥仔tshù-kak-tsiáu-á」，就很寫實的描繪牠們在屋簷下築巢的行為。過去麻雀最大的棲地是農田，也是傳統農村最常見的鳥類之一，後來隨著城鄉變遷、都市發展，牠們也隨著人類腳步來到都市中，成為都市常見的鳥類，更與和綠繡眼、白頭翁合稱「城市三劍客」。

只是，原本數量極多的麻雀，近幾年來在都市有變少的趨勢，有人認為是跟八哥、椋鳥等外來種鳥類增加有關，但實際原因仍待進一步研究。另一方面，農村中的麻雀也受到土地利用、農耕方式改變而影響棲息空間，這些可能都是麻雀數量略有減少的原因。雖然目前麻雀還沒有族群存亡危機，但活動能力極強的鳥類原本就是監測環境的重要指標類群，像麻雀如此適應力佳、數量又多的鳥類，若族群開始出現變化，代表整體環境必然有不適合牠們生存之處，值得我們多加留心。

和人類住得很近的麻雀

喜歡選人造物築巢，
像是屋簷下、冷氣室外機上。

123，木頭人超級玩家

黑冠麻鷺

50 cm
問鳥卦
請問你是什麼鳥，
為什麼一動也不動？
?
我是誰不重要，但
請記住，我不是暗
光鳥夜鷺！這才是
最重要！

學名｜*Gorsachius melanolophus*
身長｜約47公分。
分布地｜東南亞、南亞及南洋群島。
特殊觀察｜以蚯蚓、昆蟲、軟體動物為主食，「黑冠麻鷺與蚯蚓拔河」更是許多賞鳥人士最愛的經典畫面之一。

經常榮登各大討論版、被鳥友暱稱為「大笨鳥」的黑冠麻鷺，常有人貼上牠的照片詢問：「這是什麼鳥？」、「牠都不動，會不會是受傷了？」牠們看似在玩123木頭人的行為，即使人類靠近也從容不迫，難怪總能吸引大批民眾目光！

黑冠麻鷺平時都縮成一大球，或像根樹枝一樣，立在地上一動也不動，遇到驚擾時更是伸長頸部，佇立不動，彷彿在說：「你看不見我，你看不見我！」牠們常常等到人們真的非常近距離靠近時，才心不甘情不願的稍微走開，接著再繼續假裝自己不存在，因此常被好心路人誤以為是受傷不能飛的鳥。其實黑冠麻鷺真的生氣時，可是會一秒翻臉，揮舞翅膀，氣勢驚人的請你走開喔！

那黑冠麻鷺到底都站在草地上做什麼呢？如果你有空，只要跟著一起站著不動，仔細觀察牠，你會發現當牠盯著地面很長一段時間與思考後，會猛然伸長脖子，迅雷不及掩耳往地上一戳，從土中拔起超大蚯蚓！此時就算你想趕緊拿出手機拍照記錄，動作超快的黑冠麻鷺可能已經「咻嚕」，把蚯蚓吞下肚了！別看黑冠麻鷺吸蚯蚓像吸麵的樣子呆萌，就覺得牠們是和善可親的鳥兒，其實牠們可是大食客，菜單非常多元，包括節肢動物、蝸牛、蛙、蜥蜴、小型哺乳動物都名列其中，有機會吃到，黑冠麻鷺可不會輕易放過的，所以別再對牠說：「放過麻雀啦，同類相殘不好吧！」麻雀只是牠們的菜單上比較少出現的食物啦！

可以維持同樣的姿勢很久

突然以迅雷不及掩耳的速度拔出地下的蚯蚓

黑冠麻鷺不只大白天會顯眼的站在路上，帶給大家強烈的存在感，每逢繁殖季，公鳥會從傍晚開始發出巨大低沉的「兀ㄧ兀ㄧ」聲響，一個起勁可能到半夜都不會停。由於黑冠麻鷺是在樹上築巢，上廁所也和其他鳥一樣，都是很率性的直接往巢外噴，當鳥去巢空之時，下方路面的屎堆往往都是厚厚一大層，宛如寫意派的潑墨山水畫引人側目！

體型龐大的黑冠麻鷺、生性不太怕人且容易觀察，是人類超熟悉的鄰居鳥種，不過對於黑冠麻鷺甩脖子動作的意義究竟是什麼？至今還沒有科學正解。其實黑冠麻鷺過去在臺灣是不常見的鳥，只出現在淺山地區，後來才漸漸習慣了與人類共處的環境。而習慣人工環境的黑冠麻鷺也開始往人類多的地方搬家，是校園、公園都會出現的吉祥物。

各種增加存在感的行為

Note

曾經是稀有少見的鳥種，居住在淺山地區，如今已經完全融入人類的生活圈，校園、公園、人行道，都有機會看見一動也不動的黑冠麻鷺。

隨便鳩隨便大

斑鳩三鳥組

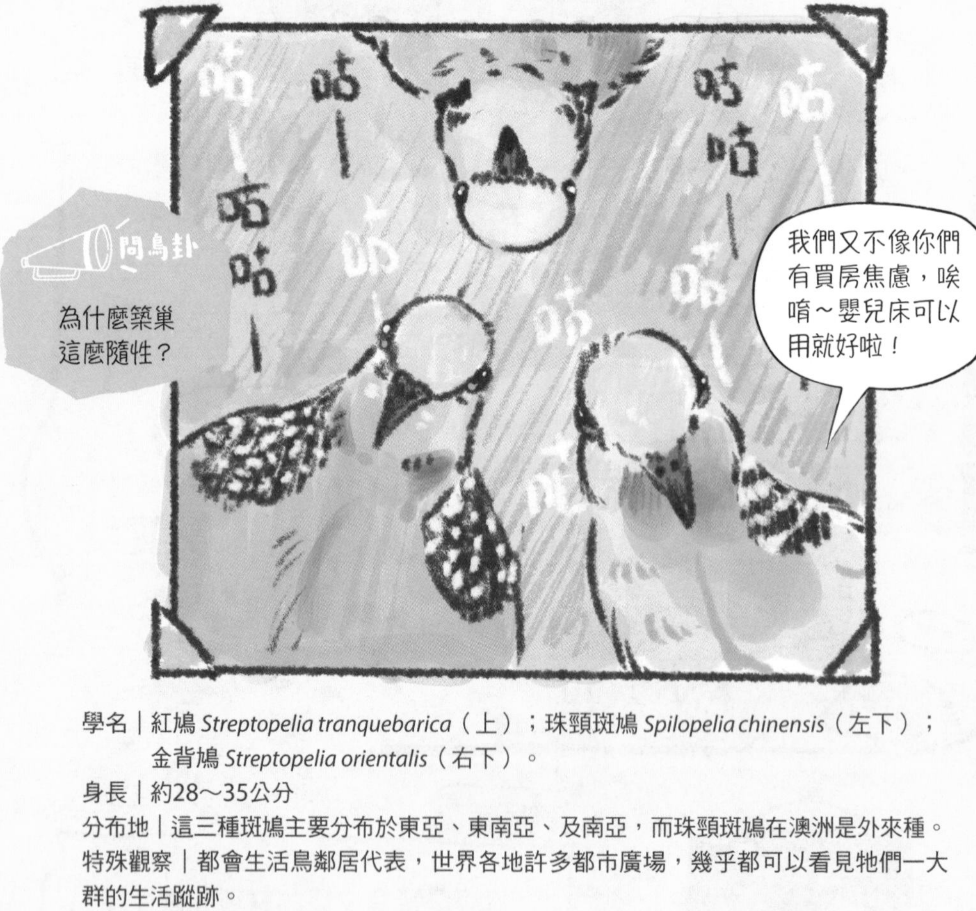

問鳥卦
為什麼築巢這麼隨性？
我們又不像你們有買房焦慮，唉唷～嬰兒床可以用就好啦！

學名｜紅鳩 *Streptopelia tranquebarica*（上）；珠頸斑鳩 *Spilopelia chinensis*（左下）；金背鳩 *Streptopelia orientalis*（右下）。

身長｜約28～35公分

分布地｜這三種斑鳩主要分布於東亞、東南亞、及南亞，而珠頸斑鳩在澳洲是外來種。

特殊觀察｜都會生活鳥鄰居代表，世界各地許多都市廣場，幾乎都可以看見牠們一大群的生活蹤跡。

除了麻雀之外，大家最熟悉的鳥鄰居非鴿子莫屬啦！牠們與人類生活十分親近，不管是古早飛鴿傳書的信鴿，或是和平象徵代表的和平鴿、賽鴿，還是在警察局和郵局任職吉祥物的鴿子，都是同源，都是由野生岩鴿馴化來的家鴿呢！

鳩鴿科（Columbidae）這家子大多鳥喙小、身形像飽滿水滴，走路還經常會一直點頭。在臺灣共有三種斑鳩，分別是珠頸斑鳩、金背鳩和紅鳩，前兩者乍看有點像，分辨方式是看牠們後頸的黑色塊狀斑紋——有密集白點的是珠頸斑鳩，而黑白條紋翅膀又有明顯「金背」的鑲金鱗片紋路的則是金背鳩。相比之下，紅鳩體型比較小，後頸黑色斑紋很細，公母鳥的羽色不同，公鳥才偏紅色。這三種鳩鴿科鳥類都不太怕人，常很隨意的走動在地上覓食，還會在人來人往的路上直接展翅晒羽

毛，往往都要距離牠們僅一步的距離，才會看到牠們勉為其難的走快一點或飛一小段保持距離。

在臺灣更有大量逸出的家鴿，牠們經常成群結隊，在公園裡吃不守規矩的人類餵食各類垃圾食物。而外形相似、但小了一號的野生斑鳩，因為同樣也會咕咕咕咕，時常被誤認為「鴿子」。牠們經常在花盆等人造物上，隨意用幾根樹枝築巢，這種風格強烈、隨意又大而化之的築巢技術，這幾年也為牠們帶來了「隨便鳩」的外號！

有細心的父母，也有神經大條的佛系育雛家長蓋的巢

各種鳩鳩愛巢

城市常見，也常到救傷單位報到的鳥類

咕咕
我被貓打了！
咕～
我小時候曾掉下巢～
咕～
咕～
我學飛時，停下來休息，就被人類裝箱送醫了……
咕咕～
麻雀，你們也要加油啊！
你們數量超多的，完全沒有少子化煩惱耶！

不少人都有在自家陽臺觀察到鳩育雛的過程，有些人常因看到鳩的巢只有幾根樹枝太過簡陋，而擔心的上網詢問「這樣真的沒問題嗎？」，也常有人分享拍到的各式奇葩、隨便到近乎莫名奇妙的鳩巢。神經超大條的鳩們，不但數量多，又住得離人類近，更經常榮登各鳥類救傷單位的傷患數第一名，也因而成為十分讓人擔心的鳥鄰居啊！

灰塵精靈
南亞夜鷹

問鳥卦
我家頂樓發現幼鳥，
找不到媽媽怎麼辦？
千萬不要動牠，
牠媽在你背後很
火大！

學名｜*Caprimulgus affinis*
身長｜體長20～27公分，翼展長度約64公分。
分布地｜東南亞至南亞一帶。
特殊觀察｜會一邊飛行，一邊抓小蟲吃。響徹雲霄的「追追追」叫聲，每每從晚上七點叫到清晨，讓人睡不著覺。

不久前，有網友在樓梯間看到一坨像灰塵的咖啡色鳥類，將其PO上網後，獲得上萬人按讚，更有許多人立刻認出，那就是求偶時會在夜裡發出「追──」的洪量叫聲，讓許多隔天一大早得趕上班、上學民眾很崩潰的「南亞夜鷹」。

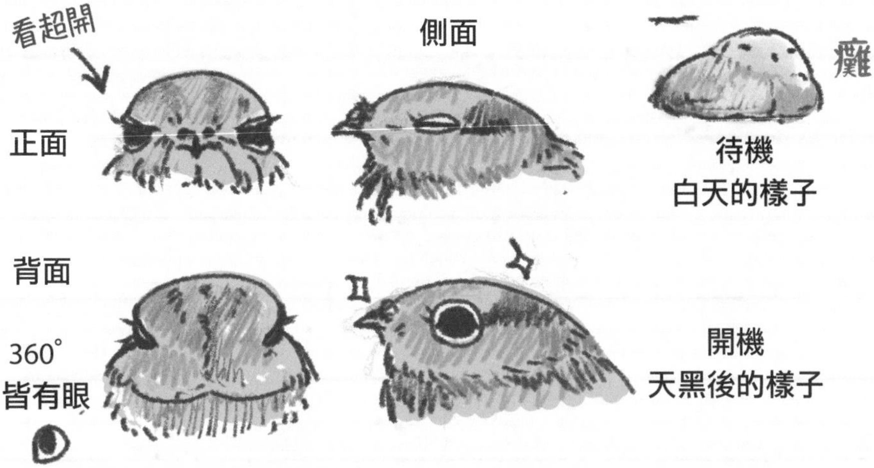

夜鷹 Nightjar　　夜鷹屬 *Caprimulgus*

此夜鷹非彼夜鶯Nightingale

這隻才是夜鶯!
白衣天使南丁格爾名字也是Nightingale。

飲羊奶者的意思

古代西方傳說夜鷹會偷山羊的羊乳，因此被依此命名，不過其實牠主要以昆蟲為主食！
我是公的，無法擠奶。

每年的二到六月，是南亞夜鷹繁殖期，一聲聲「追——追——追——」的求偶叫聲就會在夜空中迴盪。南亞夜鷹原本是住在河川下游，促使夜鷹漸漸往有人類的地方移居。

由於牠們分布範圍也逐漸擴大，原本叫給同類聽的追追追因而被更多人類注意到。有人開心於新鄰居鳥入厝，但牠們高分貝、長時間的鳴叫，卻也讓不少人難以入睡。如何減少夜鷹在自家頂樓育雛？該換哪種氣密窗隔音效果較好？都成了南亞夜鷹繁殖季時人類們特別熱烈討論的鳥事。

事實上對於南亞夜鷹，許多人是只聞其聲未見其身，牠們徹夜的叫聲雖然會讓失眠的人怒氣沖沖，但白天時卻也經常有人在破抹布堆中看到牠們厭世的瞇瞇眼而笑出來。白天時的夜鷹像沒睡飽一樣，但到了晚上，眼睛張得可大了！還有還有，牠們的雛鳥看起來就像是發霉長毛的花生麻糬，因此許多鳥友都戲稱夜鷹是「灰塵精靈」，看著夜鷹的臉心情真的會變好唷！

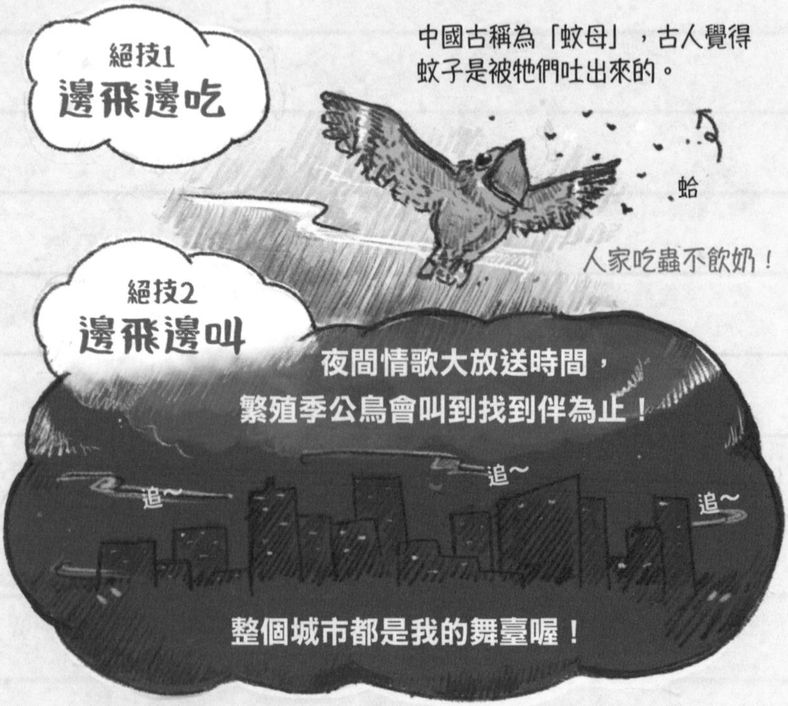

絕技1
邊飛邊吃
中國古稱為「蚊母」，古人覺得蚊子是被牠們吐出來的。
蛤
人家吃蟲不飲奶！
絕技2
邊飛邊叫
夜間情歌大放送時間，
繁殖季公鳥會叫到找到伴為止！
追～
追～
追～
整個城市都是我的舞臺喔！

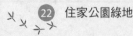

像長毛麻糬的夜鷹寶寶

stone

egg

　　由於南亞夜鷹原本都是在河床邊育雛，不會特別築一個「巢」，而是把蛋和石頭放在一起孵蛋；當牠換到人類頂樓育雛時，這個「不築巢」的習性常讓人誤以為小幼鳥沒有媽媽照顧，而慌張送去救傷單位。其實親鳥只是暫時飛離，等人類離開後，就會回來繼續照顧幼鳥。而且夜鷹是專吃各種蟲，如果不是讓親鳥自己抓蟲自己餵，而是由人類保母塞食物的話，可能因為蟲種不夠多元而讓幼鳥營養不良。所以只要沒有立即危險或是已經明顯受傷，是不需要人類介入的。

青笛仔

斯氏繡眼

問鳥卦
什麼！？原來綠繡眼在臺灣本島看到和離島看到的不是同一種！那你是哪一種綠繡眼呢？
呵呵！我是臺灣本島代表～斯氏繡眼！

學名｜*Zosterops simplex*
身長｜11公分。
分布地｜東亞一帶。
特殊觀察｜櫻花季時，有機會可以看到牠，忙著吸食花蜜的綠色身影，成了那萬紅叢中的一點綠！

春天時，公園裡、花叢中，經常可以看到綠繡眼靈巧可愛的身影穿梭其中，牠們小小一球、身上披著黃綠色羽毛，眼睛四周還有圈白毛，彷彿是畫上誇張的眼妝，再加上「吉利、吉利、吉利」清脆悅眼的叫聲，總讓人忍不住想多看幾眼呢！

原先綠繡眼 *Zosterops japonicus* 共有九個亞種，
臺灣所屬*Z. simplex*目前已自成一種，改稱斯氏繡眼

被稱為「綠繡眼」的鳥兒其實有不少種，臺灣的綠繡眼過去被當成是 *Zosterops japonicus* 的一個亞種，現在已經改為斯氏繡眼 *Zosterops simplex*。原本的綠繡眼改稱「日菲繡眼」，

扣掉分家的斯氏繡眼也還有八個亞種。當綠繡眼家族排排站時，可以發現牠們彼此間有微妙的顏色和比例差異，甚至難以用肉眼辨識出，大概要拿專業印刷時的色票本對照才能發現牠們不一樣的地方。而在綠島和蘭嶼等東部離島，則有稍微黃一點、大一點，不仔細看難以分辨出差異物種的低地繡眼。

春天的小綠和花最可愛啦！

綠繡眼的食物包含花蜜、果實和小昆蟲。

牠們是靈活在樹上彈跳吃吃的小綠妖精！

清脆悅耳的鳴叫，讓綠繡眼有了「青笛仔」這個可愛的名字。綠繡眼一直是受歡迎的籠鳥，人類甚至還曾為家中的綠繡眼舉辦「綠繡眼鳴唱比賽」，裁判會根據雄鳥的鳴叫音色、音量和長度，以及體態來為小綠們評分。儘管許多熱衷帶鳥去參賽的人們，多半是自行繁殖並培育這群鳥選手，但在商業市場交易的綠繡眼，也有很多是來自從野生鳥巢中盜取的鳥寶寶，或者是自國外引進外來種，在鳥店非常容易見到毛都沒長齊的繡眼寶寶。

這裡是
什麼地方？
沒辦法飛！
啾……
好髒.....
媽媽！
媽媽！
餓餓……
我要回家！
好擠
……
腳好痛喔！

捕捉、販售、飼養野生的綠繡眼，不僅傷害牠們的族群，更有可能因為人類飼養不當讓逃出籠的綠繡眼們跨種雜交，導致綠繡眼鳥種的基因混雜。所以還是要呼籲大家不要飼養野生綠繡眼和其他鳥類，如果在野外拾獲受傷、需要幫助的小鳥，也要尋求救傷單位的協助！

白頭轉大人

白頭翁

問鳥卦

陽臺有紅嘴黑鵯的窩，但一直有白頭翁飛過來，牠到底想做什麼啊？

我是牠們的乾媽！雖然鵯鵯媽不想承認！

學名｜*Pycnonotus sinensis*
身長｜18公分。
分布地｜東亞。
特殊觀察｜食性雜食，喜歡吃昆蟲、種子和水果，常常跑到人類的果園裡偷吃水果。

城市三劍客集合啦！在綠繡眼和麻雀登場後，最後一位是三者中個頭最大的白頭翁！白頭翁是喜歡熱鬧的小鳥，會大群聚集在一起覓食、鳴唱。牠主要特徵是頭上那撮顯眼的白毛，不怕人的牠，在平地時常有機會可以看見牠們的蹤跡。

小時候頭不白，長大才會白

果果蟲蟲殲滅大隊

可以離開巢，還在學飛，仍受親鳥餵食的菜鳥。
啊——我要先吃！
這個是能吃的，跟我來，帶你去看是哪棵樹！

暱稱翁翁，實屬鵯鵯

數量和存在感還是白頭翁更勝一籌！

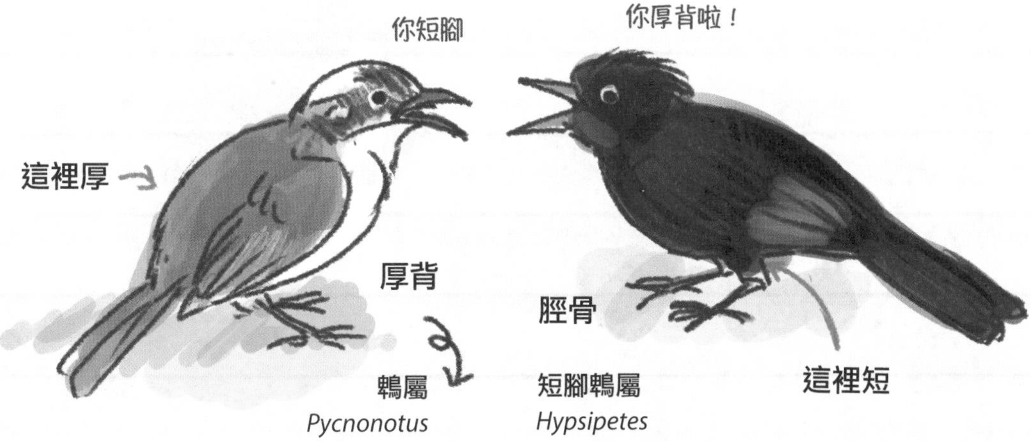

白頭翁的特色就是那頭白毛，這可是成年的象徵，小時候的白頭翁是灰頭毛喔！因為是白頭而被尊稱「翁」的牠們是鵯科小鳥，和紅嘴黑鵯都是我們常見的鳥鄰居！

白頭翁喜歡在相思樹或榕樹上築巢，在都市，則可常常在住家陽臺花木、樹叢的盆栽中發現牠們用枯草築成的碗狀小巢。另外白頭翁還有個非常有趣的特性，就是很愛餵別人家小孩！曾經有進入救傷體系的幼年白頭翁，甚至還會餵比自己更小的鳥喔。

有餵食癖好的白頭翁

幼鳥會餵更小的鳥，
還會餵別人家的！

又來了？
有一位白阿姨剛剛給
我們吃吃～
自稱乾媽
親媽
震怒
炸毛！
不可以吃陌生人給的食物！

被人類扔往臺灣東部產生的悲劇

烏頭翁
Pycnonotus taivanus
我臺東的堂哥要
結婚了，禮金
該怎麼包？
我們要結婚了
慢著！你堂嫂
不是白頭翁吧？
城市三劍客
聚會時間
今天沒人當美食！

Note

白頭翁與烏頭翁原本生活範圍並不重疊，是人為影響導致兩種鳥雜交。

由於臺灣特殊的「宗教放生」陋習，會不斷的捕捉野鳥賣給放生團體放到異地，而白頭翁就屬最常被抓了又放的鳥類，在一抓一放的過程中不只死傷慘重，更糟糕的是人類還把白頭翁放生到原本不屬於牠們棲息的花東地區，造成新搬遷過去的白頭翁與原本住在那的臺灣特有種烏頭翁雜交，這讓一些鳥類專家有些憂心可能因此影響臺灣特有種烏頭翁的數量，但這對到了異鄉的白頭翁來說，也是充滿無奈且始料未及的吧！

既熟悉又陌生的好運代表

家燕

問鳥卦
真好奇大家都用什麼東西來接燕子的噴射物啊？
你是指接大便，還是接掉出巢的的小鳥？

學名｜*Hirundo rustica*
身長｜17～20公分。
分布地｜除了南極洲、澳洲和紐西蘭之外的開闊地帶。
特殊觀察｜專吃蚊子、蝗蟲、蠅，是人類的好朋友！

在騎樓或屋簷下，常見到邊緣或是角落會暗藏著燕子窩。老一輩的人認為燕子會帶來福氣與財富，所以被燕子選中的人家必有好事臨門，因此即使常有牠們噴發的大量屎尿帶來清理困擾，也就不太計較，因為這些排泄物可是來自好運燕子呢！

隨著季節南來北往生活

是會在臺灣生養寶寶的候鳥鄰居喔！

馬麻餓餓！
我要吃東西！
今年能成功帶幾隻飛到度冬地呢？
還不知未來艱辛！

當然也有過境短暫停留的成員……

你們哪邊來的？
日本
韓國
在臺灣，經常有數萬燕口集結！

春暖花開的季節來了，熟悉的燕子鄰居陸續要回來生寶寶了，住家附近的騎樓下又要開始熱鬧囉！家燕是我們最熟悉的候鳥之一，每年三月左右到臺灣養小孩，燕子在傳統上被認為是吉祥鳥類，人類大多歡迎牠們比鄰而居，還會為牠們準備接屎板，甚至是小鳥防摔保護墊。我們的騎樓對家燕而言是能遮風擋雨的好選擇，牠們也樂得在此生養下一代。

家燕春天會飛往北方出生地繁殖後代，秋冬則帶著當年出生的孩子往南方避寒，臺灣的位置正好是各個燕子族群的交會點，有在臺灣繁殖的族群，也有要在更高緯度繁殖的家燕會過境臺灣，更有選擇在臺灣過冬的族群，每年在恆春半島等著出海的燕群聲勢相當驚人，可以聚集數萬隻家燕唷！

家燕會啣泥土和草莖混合口水蓋成碗狀的巢，並且會重複使用舊巢，不過不一定每年都能使用同個巢，因為好位子可能被早到的燕子先占走，就得再另覓空房或重新建造。有趣的是，有些燕子會不斷整修巢體，一直補強往上加蓋，幾年過後，看起來像是建造了五、六層的房子，但只有最高的那層能住小鳥，而且小鳥頭還直接頂在天花板上，看起來簡直就是設計失誤啊！

不只其他家燕會來搶好房，有時牠們的巢還會被另一種留鳥赤腰燕搶去用，由於兩種鳥兒的蓋巢習慣不同，原先家燕的半碗巢會被一路加蓋，延伸到天花板上，變成像隧道一樣，喜歡開闊感的家燕自然沒辦法再用了！當家燕不在臺灣時，也有麻雀會用牠們的巢，甚至有些厚臉皮麻雀會在人家燕子還沒完成退房就急著入住，屆時就會看見兩戶鳥口吵成一團，甚至還會看到燕雀雙方家長攻防戰哩！

春夏限定飢餓兒童合唱團

發自胃底的餓，用力哭給爸媽聽！

萬一團員太多，
可能會被踢掉。
餓
餓
餓
餓

雖然每年回來，但不一定能用舊巢！

其實不是燕子
小雨燕

?
問鳥卦
為什麼這隻燕子
只會在地上爬，
好像飛不起來耶？
別擔心，只要
讓我攀在高處
樹枝就行了！

學名｜*Apus nipalensis*
身長｜13公分。
分布地｜尼泊爾、中國東南部、泰國、緬甸、菲律賓等地。
特殊觀察｜雖然體型小，但是飛行時，因為動作快，
看起來像一把鐮刀。

每當講到燕子總是會被算進去的小雨燕，其實不是燕子喔！雖然牠們都有剪刀尾、都愛吃蟲，但分屬不同目。每當空氣中的溼氣變重、快要下雨時，就可以看見許多小雨燕低飛的身影，因為牠們正在緊追傾巢而出的昆蟲，準備大快朵頤啦！

小雨燕是非常「多話」的鳥鄰居，叫聲是高頻的「嘰——哩、哩、哩、哩」，而且連半夜都常聽到不睡覺的牠們，不停的在嘰哩哩哩叫呢！

不擅長降落到地面的鳥

屬名*Apus*是「沒有腳」之意。

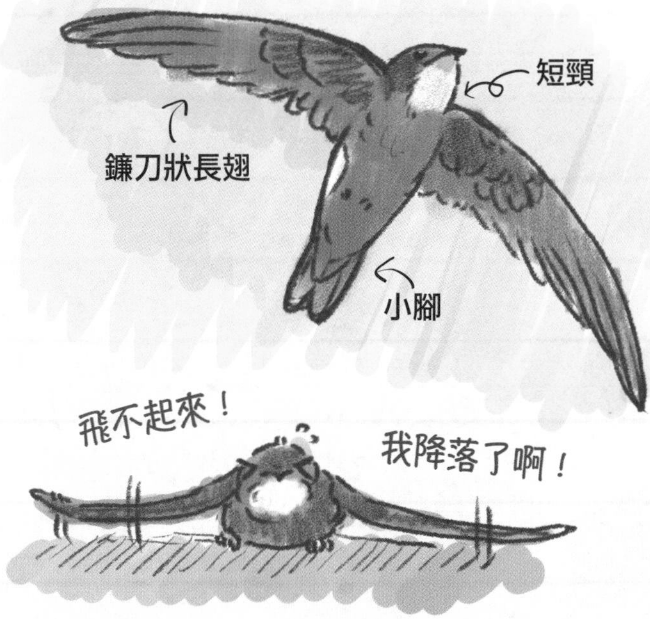

雖然腳細小，軟弱無力，
不適合在地面行走……

但攀爬技術一流！

小雨燕的腳趾比較特別，四趾都是朝前，適合攀爬岩壁，但不擅長抓握，也無法到地面走動。小雨燕通常會選在較高的屋簷或是橋下築巢，會特別講求鳥巢的高樓層景觀，是因為牠們需要從高處躍下起飛。小雨燕大部分的時間都在空中飛舞抓蟲，累了就直接回家休息，所以雖然很常聽到牠們鳴叫，也能看到牠們的「集合住宅」，但不容易近看到小雨燕本尊。如果發現掉在地上的小雨燕，很可能是被雨打落無法順利起飛，若沒有外傷不需要送鳥醫，可以先試著將牠們移到能攀抓的樹上，或是將小雨燕舉高一點，健康的小雨燕就可以順利起飛囉！

集合住宅大社區

會選高的人造物築巢，
而不是一般民宅騎樓下喔！

這邊
這邊

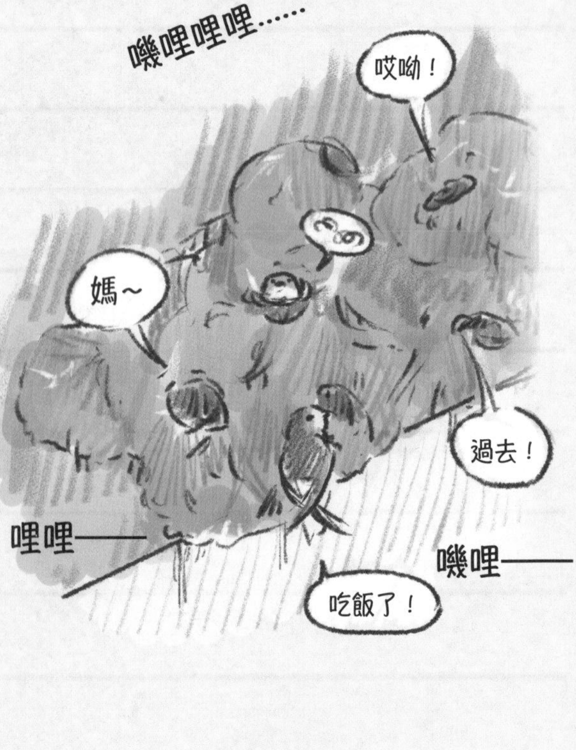
嘰哩哩哩……
哎呦！
媽～
過去！
哩哩——
嘰哩——
吃飯了！

之前曾發生過有體育館整修時，正好碰上小雨燕繁殖期，施工單位原以為只要將小雨燕雛鳥們移動到預備的木製巢箱就行了，沒想到這個鳥巢箱完全不符合小雨燕的築巢習性，因此牠們也無法使用，導致親鳥無法餵食。直到這批雛鳥死傷慘重後，人們才把牠們送到野生動物醫院收容，但一次大量湧入數百隻嗷嗷待哺的雛鳥，即便是專業單位也沒有這麼多人力照顧，最後幾乎是全臺灣各救傷單位都出動協助，才終於讓這次小雨燕的「被迫搬家事件」順利解決。其實小雨燕在臺灣是我們很普遍的鳥鄰居，希望這個讓人難過的事件能讓大家更認識牠們，未來也能以更好的方式一起生活。

雨燕是雨燕，雨燕不是燕子

分類和我們比較近的是——
是夜鷹我啃！
追～追～
有沒有很意外呀？
牠們是邊飛邊大嘴裝蟲
那一組的！
嘴大吃四方耶！

火焰龐克喵喵

紅嘴黑鵯ㄅㄟ

問鳥卦
一直聽到貓叫，卻找不到貓！只看到黑鳥望著我……
說不定你是聽到我在叫啦！喵～

學名｜*Hypsipetes leucocephalus*
身長｜約25公分。
分布地｜印度半島、中國南部、海南、臺灣至中南半島等地。
特殊觀察｜喜歡吃種子和昆蟲，特別喜歡吃莓果。經常成群結伴「喧嘩」的鳥兒！

紅嘴黑鵯披著一身亮麗的黑羽毛，梳著帥氣龐克頭，還有非常醒目的鮮紅色鳥喙及腳爪，平時則喜歡成群結隊覓食，非常多話還有多種叫聲，甚至還有像幼貓一樣的叫聲，不認得牠們的人常會誤以為樹上有貓在叫呢！

「紅嫣、烏大範*」的最佳代言鳥

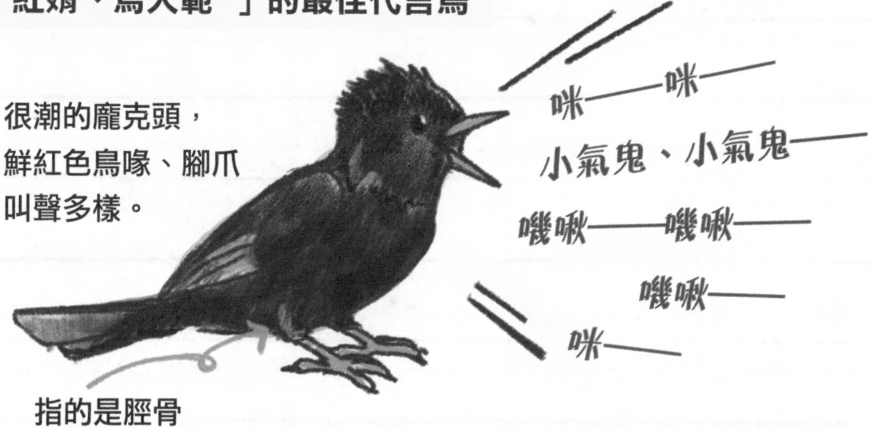
很潮的龐克頭，
鮮紅色鳥喙、腳爪
叫聲多樣。
咪——咪——
小氣鬼、小氣鬼——
嘰啾——嘰啾——
嘰啾——
咪——
指的是脛骨

＊註：衣著色彩鮮豔亮麗，高貴有氣質。

短腳鵯屬模式種，有分黑頭和白頭族群

臺灣的
黑頭亞種
你色階
真豐富！
你白色
很棒！
要是你們來臺灣玩，
會變新聞喔！
深淺灰灰的亞種

紅嘴黑鵯的羽色不完全相同，黑鵯們的分布範圍從臺灣到中南半島一路延伸到喜馬拉雅山西側，這麼廣大的範圍中紅嘴黑鵯們分成十個亞種，臺灣的 *nigerrimus* 亞種是一身黑，其他有不同比例黑灰羽毛的亞種，甚至有像頭栽進麵粉裡面的白頭亞種唷！

神話中令人尊敬的小鳥

布農族取火英雄Haipis
我失敗了！
我去！
蟾蜍
再沒有火，人類會死掉，加油！
燙燙燙
燙燙燙
燙燙燙
人類認為我們是被火燻黑和燙紅的。
一定要碰火，才會長大嗎？
呃！不用！困難的取火種工作，祖先已經幫我們做完了！
爸爸你別嚇我！
小時候嘴和腳並不紅，長大才變紅唷！

紅嘴黑鵯亮麗外表讓牠們成為傳說的要角，在原住民神話中是與人們生活相關，也非常受敬重的鳥喔！在布農族的神話裡，紅嘴黑鵯（Haipis）為族人取來火種，取火過程中把一身彩色的羽毛給燻黑、嘴和腳也都被燒成紅色了；泰雅族的傳說中，紅嘴黑鵯則是滅火英雄，牠們在森林大火中奮不顧身，來回叼走燃燒的樹枝，最後成功滅火，拯救了人類與動物，但同時把身體也燻黑、把嘴巴燒紅了。

夏天山下吃果果，冬天上山吃果果……

我們要上山了，
你們別吃太胖，
會被抓去吃的。
唔
春天見囉！
Note
在冬季時採「反降遷」，
轉往高冷處移動覓食。
我們就是鳥界公認常見便當菜嘛！

紅嘴黑鵯有個非常有趣的特性：「反降遷」。鵯們以漿果、小昆蟲為食，活躍於全臺中低海拔的樹冠間，在平地市區也容易發現。不過當冬天來臨時，許多高山上的鳥兒會往下移到較溫暖、食物較豐富的地方，稱為「降遷」，但紅嘴黑鵯卻是反其道而行的往高海拔森林移動，剛好承接高山鳥兒空出來的棲息位置和食物，非常特別呢！

我敲、我敲、我敲敲敲

五色鳥

問鳥卦
一直聽到叩叩叩叩叩叩，有人知道是什麼鳥在叫嗎？
是我啦！我是鳥界行動木魚！

學名｜*Psilopogon nuchalis*
身長｜20~23公分。
分布地｜臺灣特有種。分布於都市綠地至中低海拔。
特殊觀察｜漿果、果實（木瓜、桑葚）、昆蟲等為主食，喜歡枯樹洞築巢。

五色鳥和臺灣紫嘯鶇都是非常常見的臺灣特有種鳥類，牠們因為身上共有綠、紅、藍、黃、黑五種顏色而被稱為「五色鳥」。五色鳥經常發出「叩叩叩叩」的叫聲，聽起來很像快速敲木魚的聲音，也因而得到了「花和尚」這個有趣的外號。

叫聲很像連擊木魚，
有「花和尚」的外號
不是鼻毛！
身上有綠紅藍黃黑五色，
並不是吃素的。
叩叩叩！
嘓嘓嘓！
腳趾前二後二。

五色鳥又叫做「臺灣擬啄木」，和真正的啄木鳥同是鴷形目鳥，同樣很擅長鑿樹洞。平時看牠們大啖各種果實，但昆蟲也是牠們愛吃的美食。繁殖季時，一夫一妻制的五色鳥會在乾燥的枯枝或枯樹幹上敲出直徑5公分左右的洞，作為孵化育雛的地方。

和啄木鳥同為鴷形目，又叫「臺灣擬啄木」

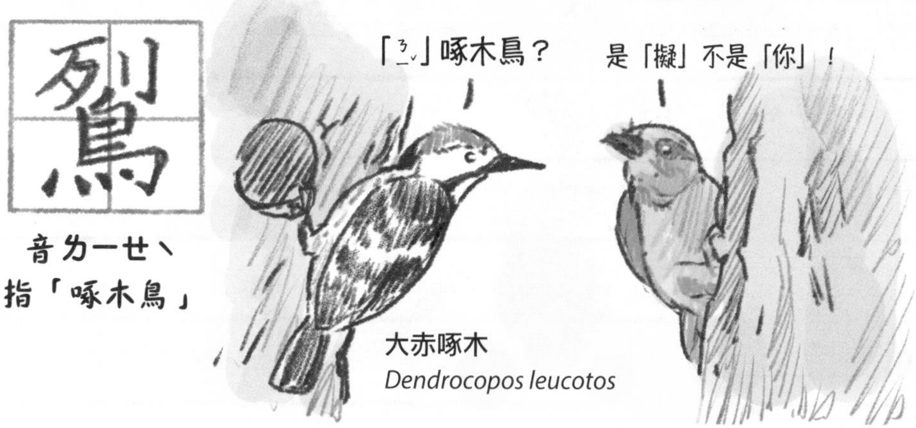
鴷
音ㄌㄧㄝˋ
指「啄木鳥」
「ㄋㄧˇ」啄木鳥？
是「擬」不是「你」！
大赤啄木
Dendrocopos leucotos

五色鳥圓滾的身體給人的感覺很「壯」，大頭大嘴的模樣，搭配身上的毛色，站在樹枝上簡直像顆芭樂！最有趣的是嘴巴基部靠鼻孔有好幾根極粗的毛稱為「剛毛」，看起來像沒有修剪的鼻毛，實際功能不明確。

鳥界一級建築師　**會鑿很多洞，最後只用使用其中一個。**

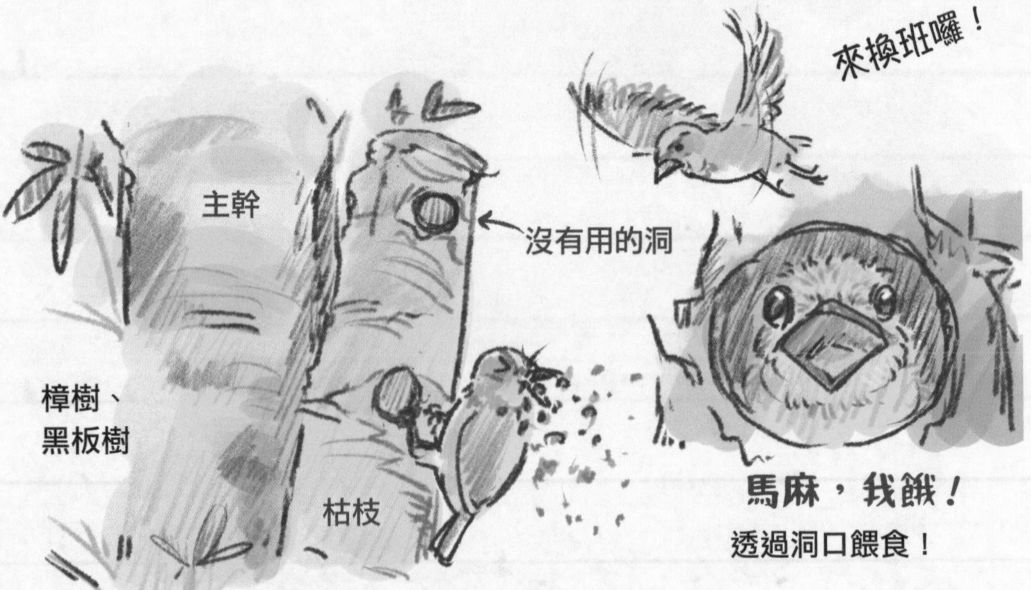

五色鳥在全臺灣2000公尺以下的樹林很常見，在校園、公園綠地，以及行道樹的枯樹幹上仔細找，就非常容易發現牠們

挖出來的圓洞。不過，如果是在一大片樹林中，就算是聽見五色鳥那敲木魚叫聲非常大，但是想找到牠的身影可沒那麼容易！因為五色鳥有非常完美的迷彩色融入樹葉中，要找到得花一番工夫呢！

和八色鳥關係很遠

咦？你們不是親戚呀？
我們屬不同目啦！
剛好俗名類似而已。
用這個邏輯命名的話，
麻雀你們是三色糰子！
好意外～
我才不穿
紅內褲呢！
糰子先不要喔！
八色鳥

Note

八色鳥是雀形目的，
反而和麻雀較近喔！

資深外來客
喜鵲

問鳥卦
這隻黑黑的大鳥是烏鴉嗎？
才不是！我可是集幸福、好運、發大財、升官的幸運代表好嘛！

學名｜*Pica serica*
身長｜45公分。
分布地｜中國、韓國、緬甸、寮國、越南北部。
特殊觀察｜以昆蟲、小型動物和瓜果為食物。通常會成對，或是小群居出現。

喜鵲在中華文化中備受推崇，人們認為喜鵲會帶來好事，但相反的卻認為烏鴉則是會帶衰的鳥兒。其實喜鵲也是鴉科的一員，甚至還會被現代的觀鳥人士們笑稱是比較漂亮的烏鴉。除此之外，喜鵲也有「幸福」的象徵。傳說中，每年農曆七月七日，會有大批的喜鵲為牛郎織女搭起鵲橋，好讓他們成功相會呢！

喜鵲屬的學名是 *Pica*，發音就和高人氣的卡通角色皮卡丘一樣。另外喜鵲不會放電，可也是出了名會「電人」的鳥。這是因為有些鳥兒除了會使用稻草、樹枝，甚至會拿鐵線、電線做為築巢材料，因而很有可能誤觸台電的線路而導致跳電事故。台電工作人員每每遇上喜鵲更是頭痛，因為牠們會在電塔、電桿上築起非常「大器」的巨巢，就算鳥巢被移除，喜鵲隔天還是會繼續在同一個地方築巢，堅持的精神真的是讓人哭笑不得。

皮卡皮卡，我喜鵲我Pica 喜鵲屬*Pica*

藍金屬光
側面顯瘦
嘎～
鼠兔Pika
並不會發出十萬伏特電力攻擊！

鳥界築巢土豪：巢有夠大

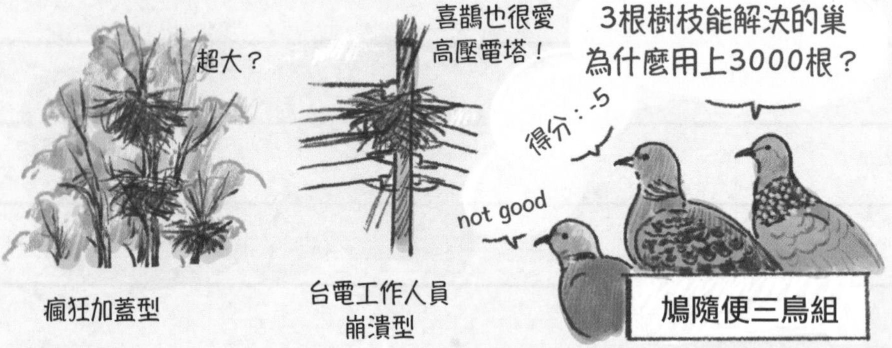

其實喜鵲在臺灣的定位非常微妙，根據清帝國過去治理臺灣留下的文獻紀錄，臺灣原本沒有喜鵲，而喜鵲在中國是有重要的文化意涵，還是皇室傳説中的神鳥，因此官員們便從家鄉帶來喜鵲。之後這些原本被人們當作吉祥物飼養的寵物鳥，又或多或少脱逃至野外，經過數百年後，如今喜鵲在臺灣西半部平地已是普遍的鄰居鳥，但或許當年被帶到花東的喜鵲較少，時至今日東部也目擊到喜鵲的紀錄。

身為吉祥物的象徵，跟著清代官員渡海來臺！

靈鵲報喜！
七夕搭鵲橋！
我大清神鳥，
好運！

Note

喜鵲在臺灣是外來種。

鴉科親戚

講到喜鵲就不得不提同為鴉科凶巴巴的猛鳥臺灣藍鵲了。這兩種鳥會吃的食物類似，不過喜鵲喜歡住開闊平地，藍鵲大家族則偏好樹林，會碰上而打起來的機會不太多，但一旦碰上，那可是強碰強的的場面。

城市日間部猛禽

鳳頭蒼鷹

欸欸，居然不認識我！我可是榮獲鳥界家族直播明星耶！

問鳥卦

老鷹不是都生活在山上嗎？為什麼公園可以看到那麼凶的鳥？

學名｜*Accipiter trivirgatus*
身長｜40~48公分。
分布地｜印度、中南半島、馬來半島、印尼群島、中國西南、華南、海南島、臺灣等地。
特殊觀察｜鳥類、爬蟲類或哺乳類都會吃，只要牠認為可以吃就會捕食。有時候連體型比自己大的獵物也不會放過。

城市最常見的猛禽夜班是領角鴞，日班則是近幾年育雛實況非常有名的鳳頭蒼鷹。牠們是唯二會在都會區穩定繁殖的猛禽類代表，因此在都會區就有機會觀察到。尤其是鳳頭蒼鷹那赳赳氣昂昂，帥氣眼神，更是十分吸引人。

雌雄兩型但差異不大

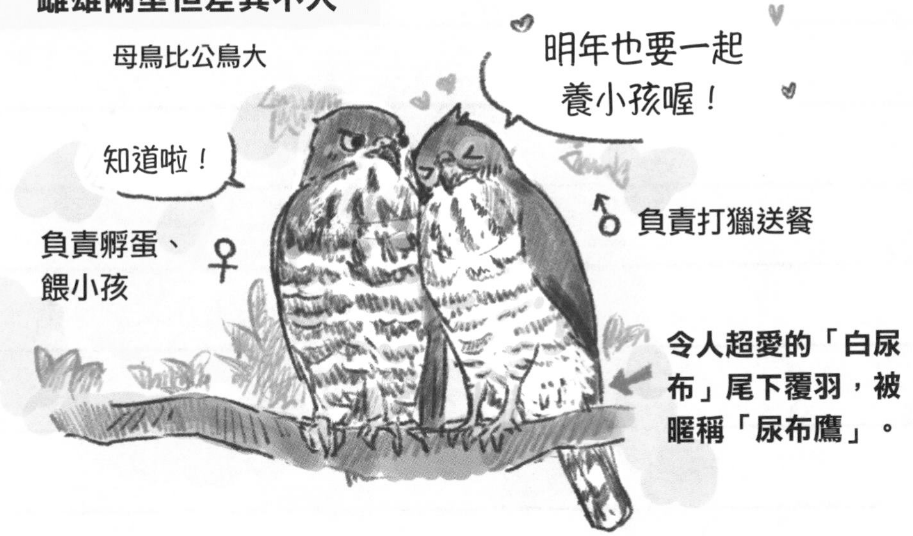
母鳥比公鳥大
明年也要一起
養小孩喔！
知道啦！
♂ 負責打獵送餐
負責孵蛋、
餵小孩 ♀
令人超愛的「白尿
布」尾下覆羽，被
暱稱「尿布鷹」。

Crested 鳳頭＆冠＆鳳冠

直譯是羽冠，但小鳥的冠差異很大

我在地的啦！
不是眉毛喔！
頭毛嚇一跳
豎

冠八哥
Crested Myna

鳳冠企鵝
Fiordland-crested Penguin

鳳頭蒼鷹
Crested Goshawk

鳳頭蒼鷹是很有機會在城市裡發現的猛禽，在許多市區的綠地都能見到牠們帥氣的「鷹姿」，牠們的築巢地點甚至會選在車水馬龍的分隔島上，可說是非常習慣與人類共存的生活環境。

值得一提的是，鳳頭蒼鷹的「鳳頭」不是隨時都會打開豎起，看到牠們時別誤以為認錯鳥了。另外牠們還有招牌蓬鬆的白色尾下覆羽，在飛行時特別明顯，常被眾多鷹粉們戲稱是「尿布」。

近年最有名的鳳頭蒼鷹話題，莫過於有鳥友在臺北市大安森林公園直播記錄行動。這原是一個臺灣猛禽研究會與相關部門合作，在大安森林公園進行的「都會區鳳頭蒼鷹生活調查」。因此在巢位旁架設監視攝影機，全天候記錄鳳頭家族的一舉一動，並放到網路上直播，讓民眾們都有機會透過直播，觀賞鳳頭蒼鷹築巢育雛。

每年從開播第一天起，聊天室幾乎24小時都有熱心的鳥友和粉絲盯著，協助一起記錄鳳頭蒼鷹家族每餐吃什麼、幾點幾分鳥媽媽暫時離開、鳥爸爸今天又做了什麼有趣的蠢事等，由於這群鳥友粉絲大力的宣傳擴散，也讓更多民眾深入認識這群住在我們身邊的猛禽鄰居。

早年鳳頭蒼鷹的棲息地偏山區，直到有越來越多鳥寶寶從巢中掉出來被送去救傷單位，才讓大家注意到牠們往都市搬了。住在都市的鳳頭蒼鷹能利用公園的大樹築巢，都市中的食物對牠們來說也非常豐富，有許多鳩鴿和嚙齒動物可吃。

但相對於山區，人來車往、高樓林立的都市也潛藏了許多危機。例如鳥撞擊大樓玻璃就是很嚴重的問題，更讓人難過的是，原本住在大安森林公園的鳳頭蒼鷹媽媽在繁殖季未結束遭到車禍意外，最後命喪公園附近道路，牠們養育的幼鳥長大在獨立後也面臨了許多困境，多次進出救傷單位，讓人心疼不已。

猛禽直播網紅

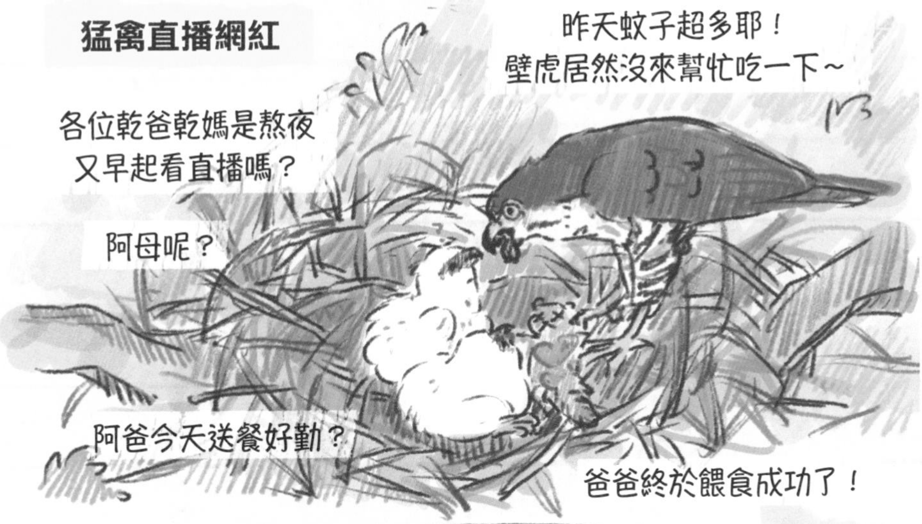
昨天蚊子超多耶！
壁虎居然沒來幫忙吃一下～
各位乾爸乾媽是熬夜
又早起看直播嗎？
阿母呢？
阿爸今天送餐好勤？
爸爸終於餵食成功了！

都市居並不易

- ☑窗殺（撞建築物）
- ☑路殺（遭車撞擊）
- ☑人類修枝
- ☑食物中毒
- ☑誘拍大師干擾
- ☑……還有？

老婆還沒回來啊……

牠在罰站嗎？怎麼站那麼久？
想去對面，
過不去
要找阿鵯們來召喚
大卷尾趕牠走嗎？
我們是
勇敢的
麻雀！

Note

小型鳥會聚眾吵鬧鳴叫，
吸引較大的鳥來驅趕猛禽。

樹上常見的小毛球

領角鴞 ㄒㄧㄠ

問鳥卦
日本的貓頭鷹咖啡廳好可愛喔！為什麼臺灣不能養貓頭鷹？
因為我們是保育類啊！不能養，也不能進口喔！

學名｜*Otus lettia glabripes*
身長｜25公分。
分布地｜臺灣。
特殊觀察｜臺灣特有亞種，常在樹木繁茂的區域繁殖，會在樹洞築巢，
每次產3～5個蛋。

深受全世界廣大青少年讀者歡迎的奇幻小說《哈利波特》中，眾多往來人類世界與霍格華茲學院送信的貓頭鷹讓人印象深刻。在臺灣，名字有鴞（通「梟」）的鳥兒，就是我們俗稱的貓頭鷹。可別被牠們在小說和電影裡看起來和善、聰明又盡

責的送信大使的形象影響，其實領角鴞可是一群擅長夜間狩獵的猛禽呢。

「貓耳」部分這不是耳朵也不是角啦！而是羽毛，真耳在眼球後方。
咚滋咚滋兀兀

領角鴞的眼睛長在臉的正前方，因此有與人類相似的立體視覺，雖然牠們頭上尖尖的部分，很像一對萌萌的「貓耳」，但既不是耳朵，也非硬質的「角」，而是一簇羽毛而已。領角鴞並沒有像我們哺乳動物的外耳殼，真正用於接收聲音的是耳孔，位在眼球後面被羽毛覆蓋，並不容易發現。

距離人最近的貓頭鷹，但都市找房不容易

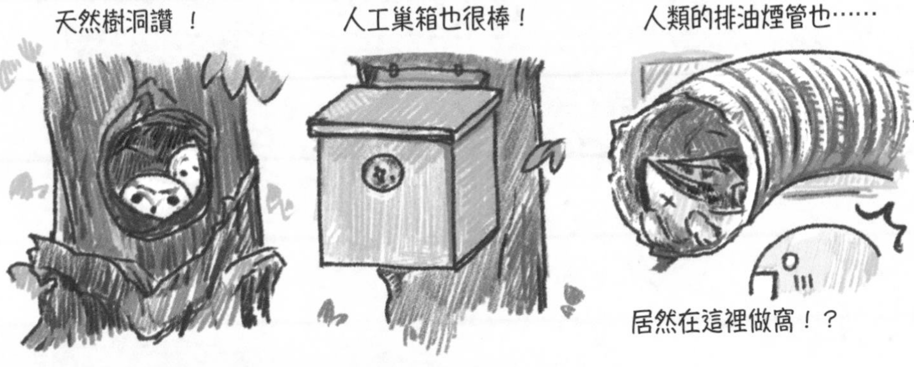

天然樹洞讚！
人工巢箱也很棒！
人類的排油煙管也……
居然在這裡做窩！？

身型嬌小的領角鴞對人工環境的忍受度較高，是我們在日常生活中最容易見到的貓頭鷹之一。都市環境提供牠們豐富的食物，只是都市居並不易，不會自己鑿洞的領角鴞只能找珍稀大樹形成的樹洞。運氣好的話，還有人類做的巢箱，再找不到就只好鑽進奇怪的地方養寶寶，比方說沒在開伙的人類住戶排油煙管裡，都曾找到牠們的蹤跡。

便當料超豐富的領角鴞幼鳥

不只吃老鼠，領角鴞還會吃很多人類害怕的蟑螂！

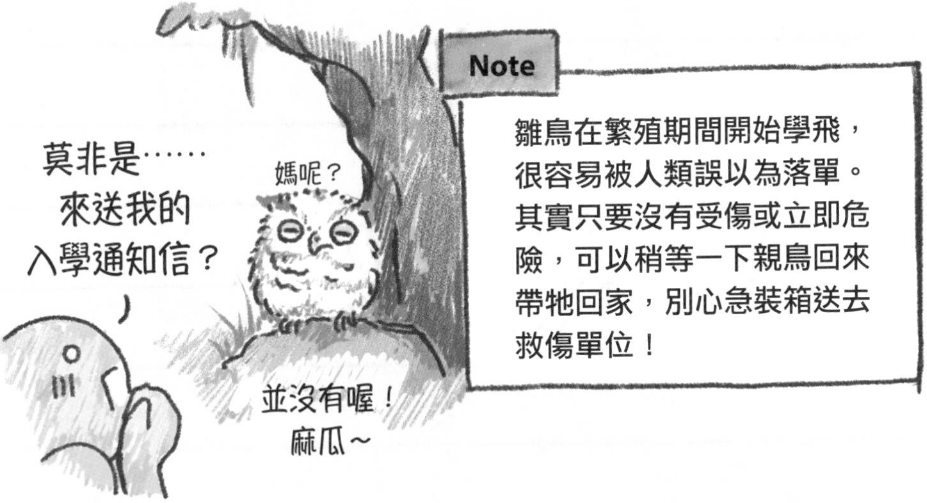

春夏繁殖季節，常有學飛的領角鴞幼鳥被人類誤以為受傷因而走失，其實只要不是明顯有受傷，或掉在大馬路上，還是周圍有遊蕩貓狗的話，對牠們來說都是安全的。親鳥等人類遠離，就會帶領幼鳥飛回家唷！

因為領角鴞幼鳥實在太可愛，很多人撿到會想試著自己照顧看看，可是領角鴞幼鳥的食譜包含許多昆蟲、鳥類骨頭，並非人類以為的全是生肉，如果擅自塞食物，反而可能會導致嚴重營養不良，甚至死亡。提醒大家：第一不要綁架學飛的幼鳥；第二，發現真的需要幫忙的，儘速聯絡各縣市主管機關！包括領角鴞在內的所有貓頭鷹家族，在臺灣全屬保育類動物，需要大家多多關愛喔。

低調發展的鴉科

樹鵲

問鳥卦
那隻講話很大聲的鳥，是在玩變裝遊戲的喜鵲嗎？
不是叫聲洪亮就是喜鵲啦！

學名｜*Dendrocitta formosae*
體長｜約30～35公分
分布地｜分布於喜馬拉雅山山脈、華南、中南半島北部、海南島、臺灣。
特殊觀察｜在臺灣為普遍的留鳥，也是特有亞種。體形較大又不太怕人，是賞鳥人很好的入門鳥種。

每年的三月到七月是樹鵲繁殖期，因此常常可以在住家附近的公園、校園聽到牠們宏亮的叫聲，或是看到牠們在樹上活動的身影。如果順著牠們的身影往上觀察，更有機會發現牠們簡單運用細枝和乾草搭建的鳥巢，看起來很有隨性的風格呢！

完美融入樹上的配色

標配長尾和大地色系穿搭！

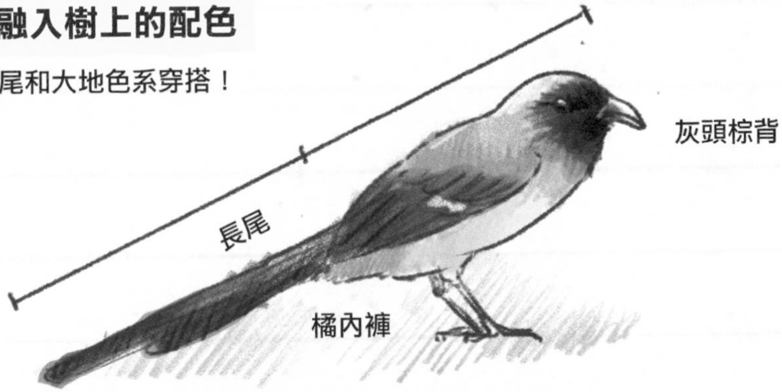

雖然配色低調，但音量非常高調

叫超大聲但常常找不到在哪？

樹鵲有著和身體幾乎一樣長的尾羽，一身大地色系的打扮看似低調，喜歡小群行動，平時也都是待在樹上隱身於枝葉間，然而超大的叫聲卻洩漏了行蹤，高分貝的「喀喀喀喀，喀喀」叫聲想不引人注意也難囉！

樹鵲屬鴉科，說到鴉科大家可能會先聯想到外形黑鴉鴉，叫聲很大聲的烏鴉們，臺灣雖然沒有像日本隨處可見烏鴉，不過我們也是有好幾種容易見到的鴉科，包括臺灣國寶鳥臺灣藍鵲、清代移居來臺時的「客鳥」喜鵲，還有一向走低調路線的樹鵲。

數百年來，臺灣在開發過程中，許多原本生活在平原農地的鳥鄰居逐漸變少；但也有一些鳥逐漸適應與人類共存，反而遷居到都市，樹鵲就是這一波探索新天地的代表。牠們過去是山裡的鳥，但現在我們生活的淺山丘陵、公園綠地，以及部分開墾過後的山坡地，都能看見牠們小群活動覓食的身影。

樹鵲的覓食方式也很有趣，牠們基本上並不挑食，找到什麼就吃什麼，除了到處捕捉昆蟲外，當樹上的果子成熟時，也會直接大快朵頤。由於樹鵲十分上相，因此偶爾可以在公園裡看到人類用米粒或麵包誘拍，但這種行為卻可能會讓牠們改變覓食的行為及食性，並減少對人類的警戒心，長期下來也會對牠們的野外生存能力帶來負面影響喔！

下回聽見有鳥在大聲「喀喀喀嘎歸嘎歸」的叫時，可別想說又是喜鵲在嘎，或是外來八哥在吵鬧，仔細找找樹上，也許就能發現好幾隻外形低調，但聲音超高調的樹鵲喔。

有一群高人氣鴉科親戚

人類的高壓電塔啊！
築巢真的很好用耶！
最近我家一直有人類路過，
每次都要趕走真的好累呀！
嘎
嘎
嘎
嘎
嘎
真是的～
喜鵲
臺灣藍鵲
但樹鵲相對低調，沒在跟那些醒目鴉一起嘎
巨嘴鴉
加入我們吧！樹鵲！麻雀！
讓我們來開創臺灣鴉科……
不，是大雀形目時代吧！
和藍鵲、喜鵲
一起成為四天王！
沒興趣喔！
別騙我們了！
吹牛不打草稿哩！
你該回山上
別玩了吼！

遠房親戚壓境襲來

冠八哥

問鳥卦
為什麼叫「八哥」？有七六五四三哥嗎？
因為我們的背上羽毛有八種顏色啦！我其實更想當帥氣一哥！

學名｜*Acridotheres cristatellus*
身長｜約23～25公分。
分布地｜華中、華南、越南、海南島及臺灣。
特殊觀察｜臺灣特有亞種，八哥叫聲變化多端，擅長模仿環境音，活潑的個性，是早期十分受歡迎的寵物鳥。

在城市裡，甚至在高速公路、馬路邊常可看到一群大搖大擺、吵鬧不休的棕黑色鳥兒，牠們就是日益壯大的八哥家族，但大多數是過度繁殖的外來種，只有頭頂上有撮冠羽的的冠八哥，才是臺灣土生土長的唷！

本該是數量多多的鳥鄰居
明顯的羽冠
象牙白嘴
椋鳥科
不是鴉科！

但族群數量已以大不如前
早期被大量捕捉當寵物，
現已列為保育類。
事情沒那麼簡單啦！
why me？
你～好～
快～說～你～好～
你～好～
列保育類
並不是什麼
萬靈丹！

你有看過我們原生的鳥鄰居冠八哥嗎？原本冠八哥是平地農村很常見的鳥，現在只有在部分地區還有穩定族群。冠八哥有很明顯沖天炮一樣的羽冠，最特別的是牠那象牙白色的鳥嘴，這是其他外來種八哥沒有的特色。

八哥有模仿人類說話的能力，因此早年冠八哥被大量抓到寵物市場，在被列為保育類動物後仍命運多舛，近年來才有慢慢增加的趨勢。

遍地都是外來椋鳥

該站C位的原生種被踹走

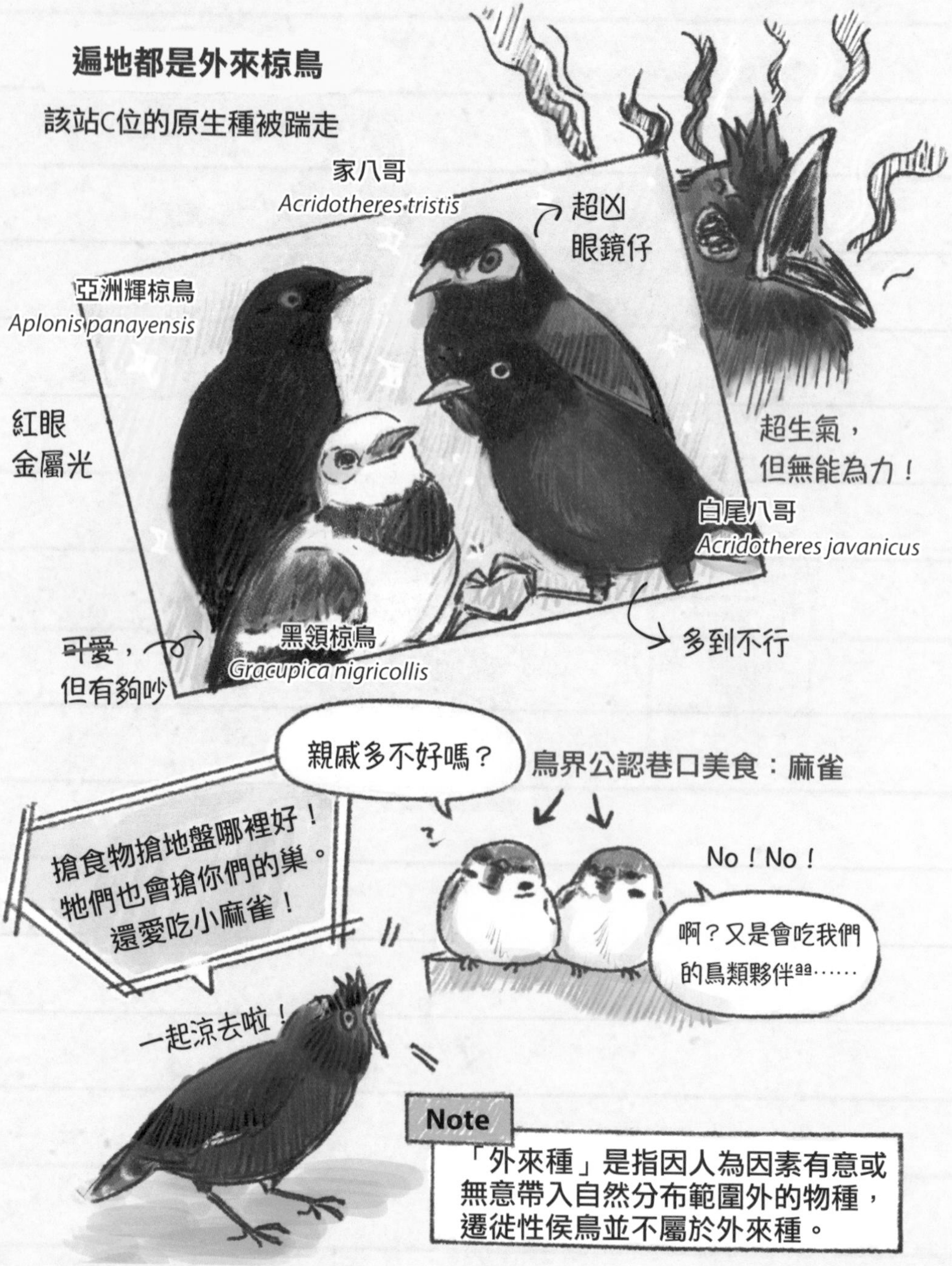

過去，因為不少商人為了填補寵物市場的缺口，進口了許多來自東南亞的八哥和其他椋鳥科小鳥，像是黑領椋鳥和輝椋鳥。可能這群從國外引進的八哥，有些逸逃至野外，牠們十分適應臺灣環境，很快就大量繁衍，建立起龐大族群。牠們與臺灣原生種冠八哥吃同樣的食物、利用同樣位置築巢，直接侵占了冠八哥原本的生存空間，導致冠八哥數量銳減。漸漸的冠八哥不再是常見的小鳥，變成只在特定區域才能見到的保育類鳥類。

賞鳥小筆記

原生種、外來種、入侵種……傻傻分不清！

原生種：透過自然方式傳播繁衍土生土長在當地的物種，比如說麻雀是臺灣的原生種。若是一地區獨有的種類，可再進一步稱為「特有種」，例如五色鳥、臺灣藍鵲都屬於臺灣的特有種鳥類。

外來種：由人類帶來、並不屬於當地的原生物種，馴養的豬牛羊家畜、寵物貓狗鸚鵡都算在外來種的範圍。要注意的是，如果外來種跑到野外並繁殖生下了後代，並不會因此變成原生種喔！

入侵種：外來種在一地大量繁殖且造成危害時，便會被定義為入侵種。臺灣常見入侵鳥種有家八哥、白尾八哥、黑領椋鳥等，即使同在臺灣，本島和離島澎湖、金門、馬祖、蘭嶼、綠島的物種也不一樣，物種並不是跟著人類劃定的界分範圍居住唷。

即使在島內也要注意原本的生活範圍，像白頭翁原本沒有分布在花東地區，卻被人類運送過去，因而影響只在花東分布的烏頭翁生存空間，這也算是「外來」的案例。

淺山丘陵

相對於「深山」，淺山是指海拔800公尺以下、容易到達的區域。
包含森林、溪流農田等多樣化的生態環境，
淺山丘陵和人類居住活動的範圍大大重疊，
雖然這裡的鳥鄰居對自然環境有較高的依賴，
但我們同樣也能在淺山地區碰到不少都會鳥喔！

灰面鵟鷹
黃嘴角鴞
樹鵲
臺灣藍鵲

特有種中的特有種
臺灣藍鵲

目標鎖定
嗯哼……
一千元紙鈔上的是帝雉！我比牠們帥多了！

問鳥卦

這隻藍色的鳥就是新臺幣一千元鈔票上面那隻嗎？

學名｜*Urocissa caerulea*
身長｜63～68公分。
分布地｜臺灣特有種。主要分布在海拔1000公尺以下地區。
特殊觀察｜不管是植物的果實或根莖、幼鳥或蛋、昆蟲、蜥蜴、蛇類、蛙類和小型哺乳類都吃。有人曾發現過牠在吃毛毛蟲前，會將蟲在地上摩擦，將其去毛後，方便入口。

屬於臺灣特有種的臺灣藍鵲，有著亮麗的外表並拖著飄逸的長尾羽，別名「長尾山娘」，是臺灣最美麗的鴉科鳥。常常上新聞的牠們可不是因為這美麗的外表，而是牠們有很強的領域性，有時會突襲攻擊人類，凶悍的模樣讓人蒙上陰影。

無敵長的吸睛尾羽

啊！就真的很長嘛～
長到會觸電

正面展開
1
2
3
4
5
6 7
8
9
10
11
12

堪稱最美鴉科 （機車程度也是鴉科等級）

過著吵鬧的大家族生活

巨嘴鴉
也太多了吧！
安啦！今年有幫手了！
餓
餓
餓
要一起去鳩鳩
吃到飽嗎？

藍鵲的聲音很大，體型也不小，只要看到一隻，肯定附近還有一大群。牠們家族成員關係緊密，已經離巢的鳥兄姊也會回頭協助爸媽照顧下一巢的弟妹唷。

臺北市、桃園市、雲林縣的縣市代表鳥

臺灣藍鵲可說是集美麗與強悍於一身。鴉科雖然不是猛禽，但藍鵲還是常受到其他鳥給予對猛禽般的驅散對待。屬於雜食性的牠們會吃植物果實、昆蟲，也會捕捉小型爬蟲類、哺乳動物和其它鳥類，也不排斥吃動物屍體，有多餘的食物還會儲存起來。

臺灣藍鵲主要分布在北部低海拔森林，近年來有不少藍鵲家族從山上往郊區拓展領域，甚至是往公園綠地搬遷，每到繁殖季節，護子心切的藍鵲爸媽會緊盯接近自家的「假想敵」，常有不知情的人類經過樹下，就突然被這群凶猛的藍鳥從後腦杓攻擊，是相當強悍的鳥類喔！

藍鵲在泡水耶！

原來藍鵲茶是這樣來的？

才不是！

帝雉不吃麻雀，我也要投牠一票！

噓

吸氣——

吐氣——

Note

「臺灣藍鵲茶」是坪林茶園產出的友善環境的茶品，以藍鵲為代表，但全區域也保護了眾多的野生動物喔！

生悶氣

麻雀你們再吵，我可要來吃你們了！

　　2007年曾舉辦過國鳥票選，當時經由民眾投票後，獲得47萬票的臺灣藍鵲與獲得27萬票的帝雉一起送進立法院表決，可惜最後並沒有真正立案。不過相信大家還是很愛藍鵲的，藍鵲不只是三個縣市的代表鳥，還有以牠們為名的「臺灣藍鵲茶」。不過雖然藍鵲看起來很美麗，讓人想要好好親近。但是，當牠們在繁殖季時，還是不要接近干擾，才不會讓自己成為被攻擊的標的。如果每天必經之路有藍鵲站崗，只要經過時撐傘或戴上帽子就可以有效防止來自藍鵲的爪爪攻擊囉！

斜槓天空之王喜劇泰斗

大冠鷲 ㄐㄧㄡˋ

?
問鳥卦
那隻暈倒在水池的雞可以吃嗎？
你是近視了嗎？沒發現我的冠跟雞長得不一樣嗎？

學名｜*Spilornis cheela*
身長｜55~75公分。
分布地｜東亞、南亞、東南亞。
特殊觀察｜想知道在天空中盤旋的老鷹是誰？只要聽見「呼悠～悠」叫聲，加上翅膀的白色翼帶就是認明大冠鷲的標準指標！

「猛禽」顧名思義指凶猛的鳥類，在鳥的分類學中猛禽包含了日行性的隼形目、鷹形目和美洲鷲目鳥類，以及大部分為夜行性的鴞形目貓頭鷹。在臺灣日班夜班加起來一共可以觀察到約50種猛禽，其中存在感最強烈的猛禽，非大冠鷲莫屬。

「猛禽」包含日行性鷹隼和夜行性貓頭鷹等鳥類朋友

☀ 日班Raptor　　🌙 夜班Owl（也有輪班的貓頭鷹）

側面帥
正面蠢（萌）

正面萌
沒有側面臉

哼！

不是夠凶就叫猛禽！

　　夜班貓頭鷹名字都叫○○鴞，但日班猛禽命名則非常多元，從中文名稱上可以稍微猜一猜牠們有哪些特性，像是「大冠鷲」這個名字是指牠們頭上有明顯的冠羽；大冠鷲還有一個稱號是蛇鵰，因為牠常捕食蛇類。

日行性猛禽班成員眾多！

蛇鵰

一下子叫我鷲，一下子又說我是鵰……你們人類搞得我好混亂啊！

你話太多，擋住我了！

蛇

相當親民易見，不怕給人類看的猛禽

在很顯眼的高處找獵物

邊飛邊叫又大隻存在感超強

因為住得離人近、容易被觀察到，「親民」的大冠鷲時常被拍到冠羽激動炸毛的模樣，或是被整群大卷尾圍毆的景象，雖然一點也帥不起來，但大冠鷲可是鳥迷們鍾愛的鳥啃。牠們主要居住在淺山丘陵的森林，很適應人類半開發過的環境，經常會停在山區道路的電桿路燈等高一點的人造物上，居高臨下找獵物，而且並不太介意被人類觀察。晴朗的早晨，很容易就能在靠近山區的區域，看見在天空緩慢盤飛的大冠鷲，而且會邊飛邊發出響亮的「揮－揮－」的鳴叫聲。

因為住得離人類很近，「出糗」的那一面常被撞見

撞車受傷、誤食中毒獵物

牠中暑了了嗎？
快送醫啦！

被大卷尾揍驅趕

+1 +1 +1 +1 +1 +1 +1 +1
9 Combos
要掉下去啦！

牠怎麼看起來不像一般猛禽一樣「勇猛」啊？
不過牠好像不太吃鳥，也許我們可以當朋友？

Note

大冠鷲是食物鏈頂端的掠食者，牠健康，環境也才是健康的唷！

大冠鷲是食物鏈最頂點的掠食者，森林中有健康的猛禽是環境健康的指標之一。猛禽一直是人類鍾愛的一群鳥，卻也是特別容易受到人類傷害的一群，舉凡，環境破壞、盜獵私養、車輛撞擊、窗殺、誤食中毒獵物等等都是牠們經常面臨的危機。事實上大冠鷲也是數量稀少的保育類動物，喜愛牠們就要好好保護牠們的生存環境喔！

經典貓頭鷹形象代表
黃嘴角鴞

噓—
噓—
沒禮貌！那是你沒聽過我優雅且悠遠響亮的叫聲！

問鳥卦

貓頭鷹叫聲都是「嗚～嗚～」的嗎，為什麼聽起來那麼像恐怖片的背景音樂？

學名｜*Otus spilocephalus*
身長｜15~17公分。
分布地｜印度、尼泊爾、孟加拉、緬甸、越南、寮國、泰國、馬來西亞、印度尼西亞、臺灣以及中國的福建、廣東、海南、廣西等地。
特殊觀察｜主要以昆蟲為食，在昆蟲數量減少時，也會捕食其他鳥類。

說起「貓頭鷹」，你是不是會想到牠們一身黃褐色，有尖尖角羽，睜著大眼，看起來很睿智的模樣呢？

其實臺灣能遇見的貓頭鷹中，正好有一位符合這個形象，那就是今天的鳥鄰居主角——黃嘴角鴞。

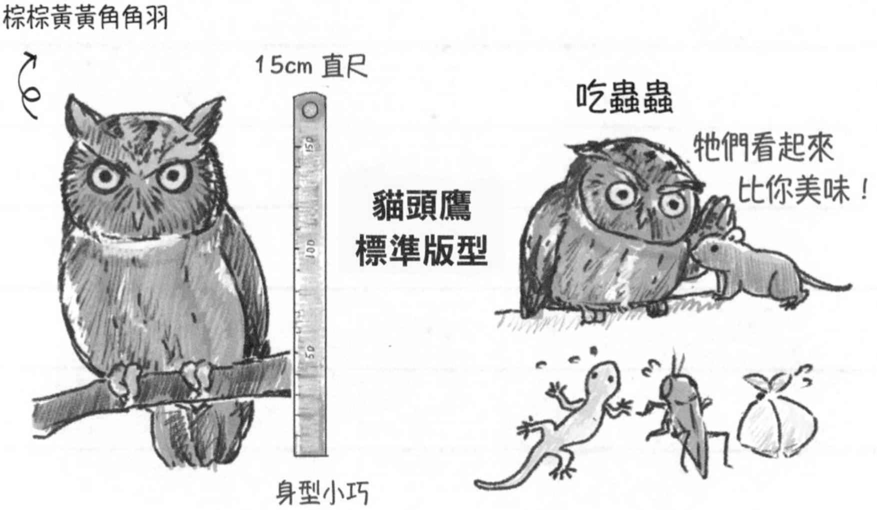
棕棕黃黃角角羽
15cm 直尺
貓頭鷹
標準版型
身型小巧
吃蟲蟲
牠們看起來
比你美味！

不同於一般出現在恐怖電影中的那種「兀－兀－」、「嗚～嗚～嗚～」的罐頭貓頭鷹音效，黃嘴角鴞的叫聲是非常悠遠，像在吹口哨一樣的「噓～噓～」聲。

貓頭鷹一家

鴞形目下草鴞科和鴟鴞科，都是「貓頭鷹」。
夜鷹過去曾被分在鴞形目，如今已獨立成目。

草鴞科
是戴了面具嗎？
眼睛看超開……
鴟鴞科
連背面能看到眼睛耶……
你們這些沒側面的扁臉貓！
夜鷹
追
夜鷹就是夜鷹

部分傳統文化將貓頭鷹視為「不祥之鳥」，但身為頂級掠食者的牠們會吃掉不少老鼠和農業害蟲，可是要好好保護的鳥鄰居喔。

你說的貓頭鷹和我說的貓頭鷹一樣嗎？

貓頭鷹是很受歡迎的鳥，不過「貓頭鷹」只是個通稱，包含了鴞形目（下有蘋果臉的草鴞科），以及其他有角、沒角的鴟鴞科等一百多種。先前介紹過的同樣也在夜間活躍的灰塵精靈南亞夜鷹，也是夜鷹目的一科，並不是貓頭鷹家族一員。

臺灣能看見的貓頭鷹共有12種，大家可能無法叫出所有的名字，但卻有各種稱呼貓頭鷹的別稱，例如臺語會稱貓頭鷹為「孤黃」、「暗光鳥」、「姑嫂鳥」等，只有像草鴞「猴面鷹」、黃魚鴞「魚貓仔」是固定稱呼。另外我們常形容習慣在夜間活動的人是「夜貓子」，原先也是貓頭鷹的別稱喔！

聽得到找不到，見到時，常被壓扁在地上

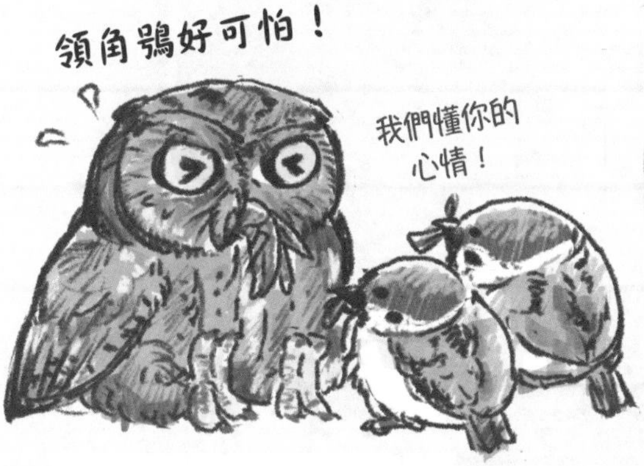

貓頭鷹居然也吃貓頭鷹

黃嘴角鴞是迷你的掠食者，以昆蟲、節肢類為主食，但牠同時也是其他猛禽的「便當菜」，就連尺寸只大牠一點的領角鴞都是牠的天敵。黃嘴角鴞住在靠山邊樹林，但往往只聞其口哨聲不見其貓影。很常發生騎乘汽機車跑山路時，不慎撞上正巧飛越車道的黃嘴角鴞，或是因光線不足當發現時已來不及煞車，而直接碾過，提醒大家跑山路時等同於跑進動物的家，千萬要小心這些不知道怎麼過馬路看來車的小小住民呀！

淺山常見的山間探員

臺灣竹雞

問鳥卦

爬山的時候常常聽到
響亮的「雞狗乖」
叫聲，那是誰？

就是我！個子
小小聲音大大
的竹雞！

學名｜*Bambusicola sonorivox*
體長｜約25公分
分布地區｜臺灣特有種，主要分布在海拔300～1200公尺以下的丘陵地。
特殊觀察｜臺灣亞種僅見於臺灣本島，雜食性，在臺灣是普遍的留鳥。

臺灣竹雞是臺灣淺山分布很廣的特有種，活躍於雜木林、竹林、灌木叢以及草叢地。生性害羞、喜愛隱蔽的牠們會三五成小群在地上一晃一晃的行走覓食，尋找植物嫩芽、種子和小昆蟲吃，一遇到危險就會立刻奔進草叢，或四散低飛逃走。

然而竹雞的體型並不大，但是叫聲卻是出奇的洪亮。因此，在尋訪鳥蹤的時候，常常會出現只聞其聲不見其鳥的狀況。牠們會在晨昏時鳴叫，叫聲很有特色類似「雞狗乖——雞狗乖——」，或是發出很像臺語的「四隻一盤」叫聲，只要聽過一次絕對不會忘記。

生性害羞，但叫聲極其之大

球形
躲著大叫
雞狗乖！
雞狗乖！
咕？
汪？

不擅長飛行

候鳥 飛超遠
日本鵪鶉
Coturnix japonica
對嘛！
對嘛！
雉科本來就不是飛行見長！
藍腹鷴
Lophura swinhoii
黑白講！
太失禮！
雉科走路
多麼優雅！
真是不好意思喔！
我從西伯利亞飛來！

竹雞的排他性很強，每年的四月到八月是繁殖期，這個期間的公鳥若發現自家有其他竹雞闖入，會立刻衝上去驅趕。因此，老一輩的阿公阿嬤，常以「竹雞仔」在形容那些血氣方剛打架鬧事的年輕人。

早年捕捉竹雞便是利用這個特性，設好陷阱後播放竹雞的叫聲，以為有入侵者的竹雞住戶很快就會衝出驅趕，自然就會踏入陷阱，變成人類山產店的盤中飧了。

小小隻但很會打很能打

平時小群生活，但雌性繁殖期間有領域性會互毆

竹雞仔

tik-ke-átik-kue-á

1.臺灣特有種雉科鳥類

2.小流氓。

你誰啊！
輸贏！
看什麼看！
aka不良少年

叫聲很有記憶點

雞狗乖——
雞狗乖——
四隻一盤
四隻一盤（臺語）
肥美
多汁貌？
哎唷，
是石虎！
四隻一盤啊！嗯，
是外帶全家餐的分量。
難得有美食夥伴，
拜託不要帶走啦！

Note

臺灣竹雞是一般類鳥類，另有極為近似的深山竹雞則是臺灣特有種野鳥，屬保育類。

雖然竹雞的個頭不大，但在過去，卻是人們的蛋白質來源之一，不過現在已經有「野生動物保育法」，狩獵也有管制，因此即使不是保育類，也不能擅自捕捉狩獵，可別聽到「雞狗乖」就反射性聯想到美味山產喔！

外號超多的過路鳥

灰面鵟鷹

問鳥卦
灰面鷲啥時改名了？
♂
人家就不是鷲啊！

學名｜*Butastur indicus*
身長｜47~51 公分；翼展後約有102~115 公分。
分布地｜日本、西伯利亞、中國東北等。
特殊觀察｜彰化八卦山是灰面鵟鷹遷徙線上的休息站，吃飽喝足，才有體力繼續飛回家！

每年春秋兩季，賞鳥界最大的盛事之一，那就是欣賞灰面鵟鷹過境時的各種姿態。牠們大概是鳥界中擁有許多俗名的前三名，而且這些俗名背後都有一些有趣的意義或典故，有些甚至還說明了牠們的生活習性與習慣呢！

名字和綽號很多，
但學名只有一個唷！

英文名字是Gray-faced Buzzard，中文稱號有：灰面鵟、灰面鵟鷹、清明鳥、掃墓鳥、國姓鳥、國慶鳥、南路鷹、滿州鷹、山後鳥（臺語發音：suann-āu-tsiáu）

灰面旅行團推薦優良旅宿地點：
樹頂端的軟葉枝條上。

灰面鵟鷹長久以來遵循著各自的路線來來去去，百年前文獻中往來臺灣海峽船隻就曾經記錄過牠們的蹤影，就連《臺灣通史》也記載「每年清明，有鷹成群，自南而北，至大甲溪畔鐵砧山旁，聚哭極哀，彰人稱之南路鷹」。牠們有非常多在地稱呼，北返的灰面鵟鷹會在清明節前後抵達臺灣中部的八卦山及大肚山，因此被稱為「清明鳥」或「掃墓鳥」；「南路鷹」則呼應了從南方來的特性；在臺中大甲鐵鉆山一帶有「國姓鳥」這個特別的名字，其由來是長途飛行的鵟鷹則會在當地紀念鄭成功的「劍井」補充水分，被當地人視為鄭成功的將領死後化作鳥身，每年來為鄭成功弔念。往南飛的灰面鵟鷹則會在每年十月左右出現在屏東滿州鄉，適逢國慶日，所以有「滿洲鷹」和「國慶鳥」之名。早年稱呼牠們是「灰面鵟」，而如今不再用「鵟」的原因，不只是直譯自屬名（鵟鷹屬（*Butastur*）是鵟（*Buteo*）＋鷹（*Astur*）組合而成，命名者就是認為這類猛禽兼具鵟和鷹的特色，才組合起來使用的）。

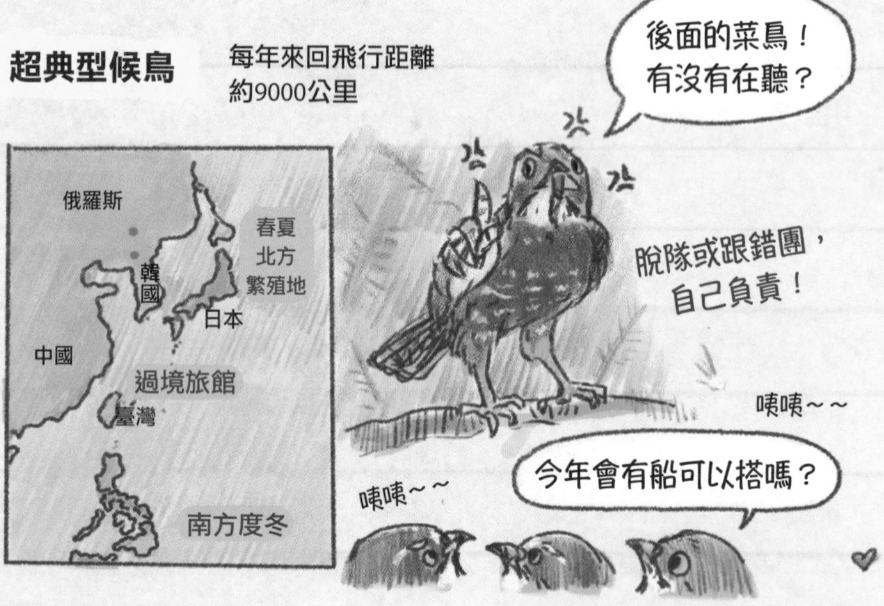

灰面鵟鷹是非常典型的候鳥，夏天在北方較高緯度的中國東北、韓國和日本繁殖，秋天往南飛到菲律賓避寒，隔年春天再飛回自己的出生地繁殖下一代。灰面鵟鷹在臺灣屬於「過境鳥」，臺灣並不是牠們生小孩的地方，也不是度冬地，卻是牠們超長的旅程中很重要的「過境休息旅館」。每年只路過臺灣兩回的牠們，是像好幾個里一起行動的超大社區旅行團，每每會有數萬隻過境臺灣，規模之大，很像神明遶境時的人流呢！

根據飛行方式不同有鷹河、鷹柱之稱

今天的氣流
不太順
牠們飛太快，
好像滿天蟲子！
看起來好吃的那種！
在你面前的
可是猛禽耶！

**灰面鵟鷹主要吃蟲、兩棲爬蟲類，
麻雀這回不是牠們的便當。**

早年灰面鵟鷹在臺灣被大量獵捕，甚至有「南路鷹一萬死九千」的俗諺，如今灰面鵟鷹在國際上受保護，每年上萬隻灰面鵟鷹經過臺灣時，等著牠們的是大批賞鷹粉絲，彷彿等著看牠們在過境大典上的各種精采表演！

當牠們大批飛過天際就如水流般的「鷹河」，還有乘氣流而上的「鷹柱」，天亮時看起鷹、黃昏看落鷹，還有結合文化歷史的地方活動，灰面鵟鷹雖然在臺居留天數並不多，卻是每年大家都期待的鳥鄰居喔！

賞鳥小筆記

鄰居類型

你有注意過有些身邊的鳥鄰居們不是一年四季都在嗎？在臺灣可以見到的鳥超過五百種，但常年定居的「留鳥」只有大約一百五十種左右，其他的都是季節限定的「候鳥」唷！

候鳥會隨著季節移動，春夏在溫暖地方繁殖後代，趕在秋冬天氣變冷前往溫暖食物多的地區。臺灣正好位在東亞的候鳥繁忙的航線上，雖然不大但是環境多樣，能提供各種鳥需要的棲息地，因此一年四季都能在臺灣見到各式各樣來來去去的鳥兒喔！

留鳥

侯鳥根據抵達季節和待的時間又分為幾種不同類型。

「夏候鳥」是其中種類較少的一群，牠們會在臺灣生養後代，騎樓下築巢的家燕就是代表，還有外表亮麗數量稀少的八色鳥也是夏候鳥。

「冬候鳥」指的是從北方飛來臺灣避寒的鳥兒，有非常多水邊的雁鴨鷸鴴成員，這時候非常適合到溼地尋鳥蹤！

黑面琵鷺是大家耳熟能詳的代表，會從十月一路待到春暖花開的三月、四月左右，換上繁殖羽飛往北方生小鳥。

「過境鳥」則是把臺灣當成過境旅館，過境鳥有的是旅行團規模的大量移動，有自由行三五成群作伴，也有孤鳥獨飛，過境鳥只會在臺灣停留短暫時間休息覓食，接著又繼續牠們長達數千公里的航行。

每當少見的鳥種抵臺，特別是一些偏離原本航道的「迷鳥」出現時，往往會吸引大批扛大砲的攝影者圍觀。

過境鳥

赤翡翠
鳥界法O利
東方角鴞
差點以為牠是
異色黃嘴角鴞
真的會飛
驚不驚喜
意不意外
鵪鶉
灰面鵟鷹
過境時是臺灣鳥界盛事
真的不是
飛蚊症！

雖然我們能這樣區分候鳥類型，不過多數候鳥往往具備兩種以上屬性，像是在臺灣常見的「白鷺鷥」小白鷺和黃頭鷺，因為一整年都能看到牠們，會讓人誤以為是留鳥，但實際上大多是夏候鳥，天冷了就會揪團南飛。冬天時看到的則是北方飛來的冬候鳥，也有一些過境的，少部分才是窩在臺灣不動的留鳥。

臺灣本島的鳥況，和澎湖、金門、馬祖、蘭嶼不盡相同，有些在本島難以見到的候鳥，隔了一片海後易見得多，所以也有許多賞鳥人會追著鳥們的航班特地飛去找牠們！有機會也來試試，當鳥兒春季過境航班密集路過臺灣的季節，能見到平常少見到的鳥鄰居吧！

迷鳥 偏離航道掉進臺灣

這是哪
我是誰
白鶴

也有小鳥同時存在留鳥和候鳥族群唷！

小白鷺＆黃頭鷺
有留鳥、夏候鳥、冬候鳥
也有過境鳥。
嗨，我們又來囉！

農田耕地

農地為人們生產糧食，同時也提供許多小生物住所，
還能為每年往來臺灣的候鳥提供休憩處。
但過度使用農藥和肥料，以及農地變建地等土地運用的轉型，
也使得許多原先棲息在這裡的鳥鄰居不得不搬家，甚至從此消失蹤影……

黑翅鳶
戴勝
其實我們也是農村的代表耶。
我們喜歡貼著人類住嘛。

猛禽都怕的黑色戰機

大卷尾

問鳥卦
請問那隻很愛追人而且氣勢很強的黑色凶鳥是哪位啊？
我的地盤我守護！錯了嗎？

學名｜*Dicrurus macrocercus*
體長｜約29公分。
分布地｜伊朗東南部、阿富汗、巴基斯坦、印度、斯里蘭卡、緬甸、中南半島、中國東北及華北以南、臺灣、爪哇、峇里島。
特殊觀察｜領域性很強，在臺灣本島為普遍的留鳥，一般在澎湖所見者則為稀有而規律的過境鳥。

全臺低海拔區域，不論城市或是鄉間，都能看見這種全身烏黑，長尾巴微微向上翹起的大卷尾。牠們和居住在高山上的表親「小卷尾」外觀相似，但小卷尾略小且羽色較藍，由於兩者住的地方少有重疊，所以可從海拔高度來判斷身分。

臺語稱牠們「烏鶖」，是農村代表之一

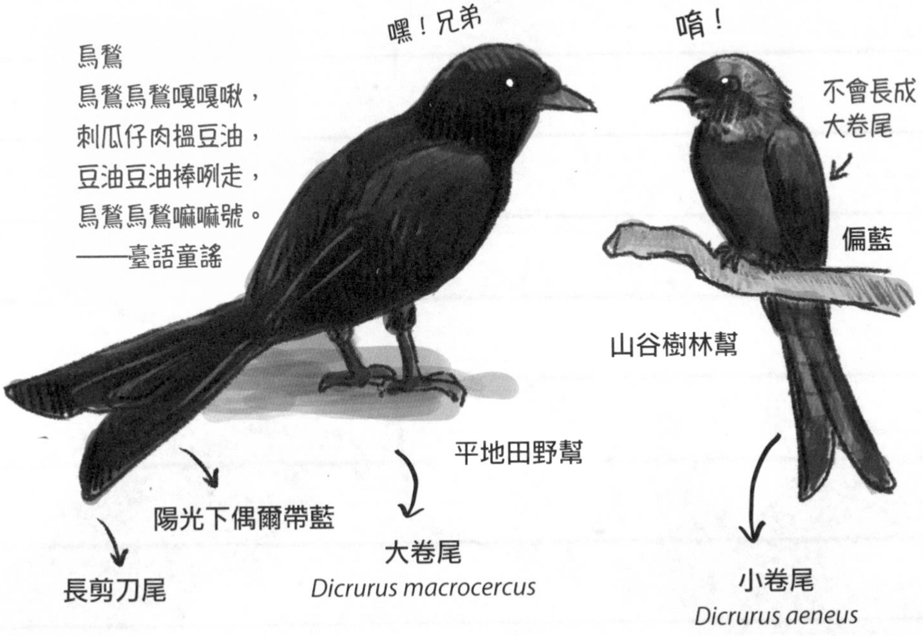
嘿！兄弟
唷！
烏鶖
烏鶖烏鶖嘎嘎啾，
刺瓜仔肉搵豆油，
豆油豆油捧咧走，
烏鶖烏鶖嘛嘛號。
——臺語童謠
不會長成
大卷尾
偏藍
山谷樹林幫
平地田野幫
陽光下偶爾帶藍
長剪刀尾
大卷尾
Dicrurus macrocercus
小卷尾
Dicrurus aeneus

大卷尾「烏鶖（oo-tshiu）」，和麻雀以及各種鷺鷥都是經典的農村鳥鄰居代表。牠們的主食是昆蟲，經常會在稻田四周捕捉飛蟲，甚至夜晚不休息，還繼續靠路燈燈光抓趨光而來的蟲。

大卷尾是非常不怕生的鳥，時常就站在電線上，拖著長長的剪刀尾找獵物，夜晚則直接站在電線上頭睡，也非常喜歡直接把巢築在毫無遮蔭的電線上，讓人看了都捏把冷汗！

很多人對大卷尾的印象就是牠們的性情很凶猛，任何接近的動物一律會被驅離或是追擊，就連空中王者猛禽大冠鷲也常因為抵擋不住大卷尾的攻擊落荒而逃，到底牠們是在凶什麼呢？

繁殖期護子心切、領域性很強，會追打路過生物

主動對猛禽出擊也沒在怕！

其實，每年的五月至八月是大卷尾繁殖季，牠們在這時候才會追著所有經過的人、車和動物驅趕，大家要多體諒牠們育兒的壓力啊！另外，繁殖季時的大卷尾也很愛在大半夜鳴叫，和先前登場過的幾隻小鳥們都能一起組夜間合唱班啦！

叫聲很多變，半夜也會叫

夜唱咖鳥仔，關心您的膀胱～（並沒有）

電線杆和電線都是好朋友

很顯眼站好站滿，站到晚上

似雞但不是雞

白腹秧雞&紅冠水雞

問鳥卦
為什麼家雞會跑到到田裡面玩耍？而且怎麼沒有雞冠？
呵呵！因為我們是鳥不是雞啦！

學名｜白腹秧雞 *Amaurornis phoenicurus*（左）；
紅冠水雞 *Gallinula chloropus*（右）
體長｜約28～33公分。
分布地｜白腹秧雞主要分布在東亞、東南亞和南亞；紅冠水雞廣泛分布於歐亞非三洲。
特殊觀察｜在全臺低地平原地區常見，白腹秧雞腳掌很大，可在水草及泥地行走，但不會游泳。紅冠水雞則會游泳，喜歡在蘆葦叢、灌木叢、草叢及沼澤和稻田中活動。

小小的頭和喙，配上一雙很會跑的大腳丫，牠們是生性害羞的水田鳥鄰居——秧雞。有趣的是，秧雞雖然有些像雞，也同樣不擅長飛，但秧雞不是雞，而是屬於鶴形目，與高挑的鶴站在一起，鶴立秧雞群，很難想像牠們竟然是表親呢。

生性害羞的秧雞 Rails

鶴形目　Gruiformes
秧雞科　Rallidae

「秧雞」一名的由來就是因為牠們喜歡棲息在水田邊，是典型農村鳥鄰居，臺語也稱牠們為「田雞仔」。臺灣的秧雞有好幾種，大部分的會住在有隱祕草叢可躲藏的水邊，以各種小魚、小蟲，以及草籽和水生植物的嫩莖和根為食。不過白腹秧雞和紅冠水雞卻是例外，牠們除了喜歡在農田耕地附近巡邏，也會出沒在人來人往的公園、校園，靜靜的和人類共享著城市空間呢！

不擅長飛，但善游善跑的水邊鳥鄰居

白腹秧雞別名「白胸苦惡雞」，之所以會有這樣的稱呼，主要是因為白腹秧雞繁殖期的叫聲，就像是在大聲喊著「苦啊！苦啊！」。此外，在臺語中也有根據外形而稱白腹秧雞「白面仔」或「紅尻川仔」，很直觀的描述了牠們白臉、紅屁屁的特色唷！

超會照顧弟妹的紅冠水雞，外號「紅骨頂」，腳像一顆黑色大毛球，很會游泳，還會混在鴨子群中一起划水。紅冠水雞一個繁殖季會產數次蛋，每年春夏之間，有機會看見一大家子裡有大黑毛球、棕色毛球和禿頭小毛球一起游泳的溫馨畫面。

請人類不要隨意綁架水邊的禿頭煤炭球

早熟性的秧雞，幼鳥出生幾天後就行動自如，會跟著親鳥外出覓食，也學習生活技能。繁殖期時，水邊常可見一整串像煤炭球的小鳥搖頭晃腦跟在親鳥身後。偶爾會有暫時沒跟上的幼鳥被人類發現，而人類因為擔心沒親鳥照顧而帶走牠，但其實鳥爸媽都在附近，只是因為人類就在旁邊，親鳥才不敢靠近啊！只有以下幾種情況：幼鳥掉進水溝爬不出來、受傷有立即危險、迷失在車道上茫然發呆，或是附近有流浪貓狗會攻擊，才需要提供協助。所以請別好心誤綁架了人家唷！

老鷹捉小雞的老鷹本人

黑鳶

問鳥卦
基隆港邊有很多老鷹耶！牠們是誰？
嘿！我們是基隆市鳥「黑鳶」本尊啦！

學名｜*Milvus migrans*
體長｜約58～69公分。
分布地｜分布於歐亞大陸大多數地區、撒哈拉以南的非洲、澳大利亞、新幾內亞與印尼的蘇拉威西島。
特殊觀察｜除了繁殖期外，常群聚在一起追逐、抓樹枝等，在黃昏有明顯的「黃昏聚集」行為。

不知道大家有沒有玩過「老鷹抓小雞」的遊戲呢？我們很習慣把日行性猛禽都稱為「老鷹」，但「老鷹」其實指的是常常會出現在港口、魚塭或農田找尋食物的黑鳶，牠常在港邊活動，還被選為基隆市鳥！

[老鷹抓小雞]的那個老鷹

鳶

鳶音：ㄩㄢ
指善飄的猛禽

問：鳶形面積公式為何？
其實不很黑
像魚尾的尾羽

由於覓食策略，曾被英國外交官暨博物學家斯文豪嫌臭

〔黑鳶的菜單〕
- ☑人類的垃圾
- ☑去嚇小白鷺得到的魚
- ☑人類不要的魚內臟
- ☑撿到動物屍體
- ☑自己抓的魚
- ☑所以說，小雞呢？

今天吃魚
身旁常有
小護法（蒼蠅）
圍繞！

黑鳶在亞洲是非常普遍的猛禽，可以適應很多元的棲地環境，在臺灣的港口、海岸、河湖、水庫、魚塭等水域，都能看到牠們的身影，也很適應人類環境。和大部分自己抓生食現宰

的猛禽不同，黑鳶除了會自己抓魚外，也會取食動物屍體，甚至會在人類的垃圾場找食物吃。

黑鳶喜歡在山坡的大樹上築巢。牠的巢主要是以樹枝作為主體，但也會用上許多人造物，例如：紙片、塑膠袋、繩子、布料等，還會特別找一些白色物品來當巢的內襯。因此，牠們的巢獨樹一格，甚至常常被誤以為是垃圾堆。

在非繁殖季時，黑鳶常單獨或數隻一起進行空中丟抓物品的遊戲，除了樹枝外，最常丟抓的就是在人類生活區撿到的紙片、塑膠袋等。類似的遊戲或是玩耍行為會從下午一路持續到太陽西下，鳥群們才各自飛回巢中休憩。

家裡很亂是強者的象徵

〔黑鳶家的裝飾物〕

- ☑垃圾袋殘骸
- ☑瓦楞紙板
- ☑肥料包裝袋
- ☑棉手套（一雙）
- ☑口罩

白色是主要的顏色

早年臺灣也有數量龐大的黑鳶族群，也真的會有「老鷹伺機抓走小雞」的情況，但隨著生活和產業型態改變，再加上農民大量使用農藥及化學肥料耕作，導致環境和生態都遭受破壞，讓黑鳶的數量一度鋭減到一百多隻。幸好，黑鳶的處境這幾年慢慢有受到重視，目前在臺灣北部和南部都有族群，在基隆更是常駐市鳥。現在屏東也有主打保護黑鳶的的友善農作「老鷹紅豆」問世，提倡不毒鳥、不使用落葉劑，這種友善環境的耕作方式不但能讓人類吃得安心，同時也能保護農地周遭的大小動物唷！

優質鳥界友善農產品推廣大使

菱雉菱
藍鵲茶
田董米
我們也想代言！
麻雀認證！
老鷹紅豆
你們好好吃飯養胖自己就好啦！
請多支持友善農產
共同保護動物們唷！

臺灣最美猛禽
黑翅鳶

呵呵！就是我們黑翅鳶，可是有著「平原區的野鼠剋星」稱號呢！

問鳥卦

聽說有種鳥的身體雪白，翅膀卻是墨黑的，還有鳥界「抓老鼠高手」的別稱，那是誰呢？

學名｜*Elanus caeruleus*
體長｜約約31～37公分。
分布地｜廣布於非洲、南歐伊比利半島、阿拉伯半島、東洋界、新幾內亞。
特殊觀察｜黃昏特別活躍，白天炎熱時大多停棲於樹上或電線桿上休息。

臺灣是個非常適合鳥類生活的島嶼，擁有豐富多樣的鳥類，但若提起誰是讓人印象深刻的「最美猛禽？身體雪白、羽翼墨黑，身上配色極為醒目的黑翅鳶必是許多人心中的首選。除此之外，牠還是讓許多野鼠聞風喪膽的捕鼠高手呢！

本鳥其實大部分是白白灰灰的

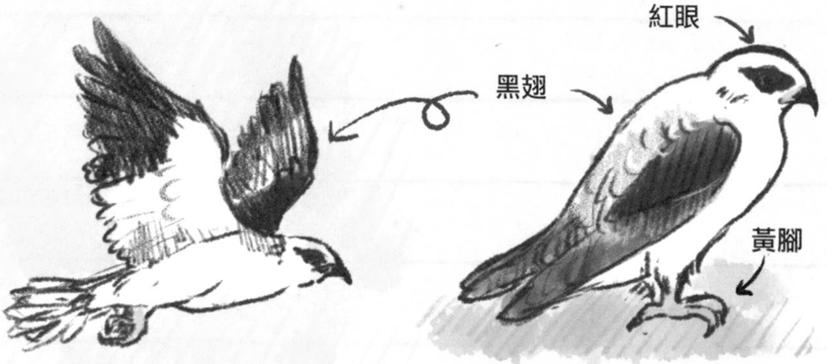

黑翅鳶的體型和鴿子差不多大小，外形跟隼很像，是相當獨特的小型鳶。除了翅膀羽毛是灰黑色外其他部分多雪白的，最有特色的就是牠們那紅色虹膜大眼配上超濃煙燻妝，加上從嘴尖美到尾羽，是讓人非常驚豔的猛禽！

是臺灣的新移民鳥

近二十年來才飛來定居

是自然擴散，
不是外來種！
不是外來種！
不是外來種！

要像祖先們一樣超能飛，
充滿冒險犯難精神喔！
想當年……
阿爸餓餓！
餓！
吃！

黑翅鳶成為臺灣本島常駐鳥鄰居的歷史不長，雖然現在在臺灣平原常見牠們身影，但過去，可是要特別飛到金門才能看到牠們呢！直到2000年，觀察到有一對黑翅鳶夫妻在臺灣定居育雛，至此才算正式登錄成臺灣留鳥的一員。

臺灣的黑翅鳶是怎麼來的呢？牠們原本居住在南亞和非洲的曠野，也許是為了尋找更適合居住的地方，憑著自身飛行能力飛向新天地，在中亞、歐洲都有觀察到類似的情況，臺灣的黑翅鳶們也是從遠方的大陸渡海飛來的唷！「屏東科技大學鳥類生態研究室」也研究發現，黑翅鳶真的是超能飛，也超會飛的鳥啊！現在幾乎全臺各地都能看到牠們的身影啊！

黑鳶與黑翅鳶的愛恨情仇（X）

填補了黑鳶減少留下的棲位

兄弟要小心滅鼠藥啊！
是說你是白色的耶！超讚~
要不要來我家當門神？
羽毛可以給我一根嗎？
羽毛！？
先不要喔！
你要做啥？

猛禽棲架執勤中

麻雀一起
來玩嘛！
上面的，
你好吵！
我們也上去試試？
為了麻雀
真的可以相信
吃老鼠的猛禽嗎？
怕……

但滅鼠藥對猛禽造成傷害的問題，其實並沒有澈底解決，想要兼顧農業發展和生態保育並不是件容易的事，不過近年來引進的「猛禽棲架」卻是個厲害的設計，看似只是在田間豎起又長又高的竿子，但其中可是大有學問。

由於黑翅鳶的主食是老鼠，會懸停在空中搜尋獵物，棲架這個制高點可以讓牠們停棲休息喘口氣。所以有設猛禽棲架讓黑翅鳶站崗的農田，就不需要使用滅鼠藥，全權交給黑翅鳶滅鼠。此外，猛禽棲架的受惠鳥也不只有黑翅鳶或其他猛禽，從一併架設的鏡頭中也能觀察到，在不同時間裡，會有各式各樣的小鳥站上捿架，也時常能看到各種鳥在棲架上演歡樂日常呢！

誰說男生都不帶小孩

彩鷸ㄩˋ

問鳥卦
宜蘭縣鳥不是彩鷸嗎？
No!No～宜蘭還沒有縣鳥唷！

學名｜*Rostratula benghalensis*
體長｜約24～38公分（母鳥較大）。
分布地｜廣泛分布於非洲、馬達加斯加、亞洲中部與南部。
特殊觀察｜雌雄鳥的外形不同，雌鳥較大也較美麗。晨昏活動型，也會在夜間覓食，白天則多藏於草叢中。

彩鷸是臺灣少數能在田間看到的保育類鳥種。牠之所以叫「彩」鷸，是因為彩鷸身上的斑點和條紋，在一片大地色的鳥類中特別顯眼。彩鷸行事低調，總隱藏在草澤間，即使覓食也不會離草叢太遠，以便一有風吹草動就能躲回草叢中，也能在危機逼近時更快逃離。

彩鷸雌雄鳥的外形不同，母鳥較大也較美麗，相較於公鳥的黃褐色羽色，母鳥有著偏紅色的胸羽和暗綠色的背羽，連嘴喙也比公鳥鮮豔許多。

除了外觀上的差異，彩鷸還是鳥類較少見的「一妻多夫制」。繁殖季節時，會聽見的鳴叫求偶是由母鳥鳴唱，發出很大聲的「嗚～嗚～嗚～～」，公鳥則在田間土堆以草枝築巢。一隻母鳥會和多隻公鳥配對，媽媽生完蛋後，從孵蛋到帶小鳥等育雛的工作，全由公鳥包辦。

少見的繁殖策略和逆雌雄二型

請生蛋給我！
顏色鮮豔的是母鳥，
大地色打扮的是公鳥。
體型也是母大於公
我生完就走喔！
要趕場。
阿爸專車
水雉
小雞排隊，
上車要趕場。
由阿爸負責顧小孩
我們可以去找雉菱玩嗎？
臺灣唯二
一妻多夫由公鳥養小鳥
別玩到變成牠們家小孩，
會被夾進去帶走喔！

宜蘭在地水田好厝邊

其實很多地方都有，但人類喜歡去宜蘭找牠們！

WILD BIRD SOCIETY OF I-LAN

（◎宜蘭縣野鳥學會）

但我們還不是縣鳥……

我也想代言……

習性特殊的彩鷸在臺灣「野生動物保育法」中，是保育類第二級珍貴稀有的野生動物。數量稀少但分布範圍很廣，從低海拔山區到接近海岸的溼地，都能發現牠的身影，宜蘭地區更是全年都有彩鷸繁殖，可見當地對彩鷸來說，是非常適合且穩定的棲地。

彩鷸的小鳥是早熟性，有一對比例超大的腳，一出生就是行動毛球，可以跟著爸爸走，不過彩鷸是比較低調的鳥種，幾乎都待在草叢中，就連吃東西也不會離開隱蔽處太遠。

彩鷸屬於雜食性。以各種昆蟲、螺類、蚯蚓等軟體動物及甲殼類為主食，也會啄食植物種子。

彩䴉對農藥汙染很敏感，是環境指標物種，水田沼澤等溼地是牠們常棲息的環境。但是近年來，部分的地區農地出現大批鳥類死亡案件，其中也有彩䴉因誤食曾浸泡農藥的稻穀種子而死亡，要如何宣導農友們改變既有的用藥方式，改採友善環境與生態的耕作方式，是刻不容緩且需要長時間宣導，以創造改變的重要課題。

吃爆那個福壽螺

田邊串燒大戶

紅尾伯勞&棕背伯勞

問鳥卦
到底是誰在惡作劇？把蜥蜴、壁虎、田鼠都拿去當串燒了？
不要問，很可怕！

學名｜紅尾伯勞*Lanius cristatus*（左）；棕背伯勞*Lanius cristatus*（右）
體長｜約17～20公分，棕背伯勞可長至25公分。
分布地｜以歐亞大陸及非洲為主，分布在溫帶的紅尾伯勞多為候鳥，棕背伯勞則是臺灣常見留鳥。
特殊觀察｜伯勞鳥喜歡棲息在視野較為開放的地區，常常停在樹梢、電線杆等突出的制高點，以利觀察、狩獵。

伯勞鳥因為有儲食習慣，因此在國外被稱為「屠夫鳥」。在臺灣的伯勞鳥，則無論候鳥或是留鳥都有強烈的領域性，常在領域範圍覓食，牠們站在高處往下巡視，一旦發現獵物就會毫不猶豫的俯衝攻擊，在鳥界可謂是「殺手級」的存在啊！

「伯勞」一名由來

相傳起源於古代家庭八點檔

「伯勞」這個名字跟鳥類非常不搭，它到底是怎麼來的呢？據傳是西周時的一位文士——尹吉甫，因為聽後妻講了前妻兒子「伯奇」的壞話，竟然把自己的兒子給殺了，但事後又很後悔，當思子心切的他看到一種過去沒見過的鳥站在桑樹上嘎嘎叫時，竟然臆測這隻鳥可能是兒子投胎轉世，如今回來找他。於是他對鳥說：「伯奇勞乎？是吾子，棲吾輿；非吾子，飛勿居！」意思是說：「鳥啊鳥，如果你是我的兒子轉世的，可以住在我家，如果不是，就請你快飛走！」他與鳥進行了一段看似無厘頭的交談後，由於小鳥沒有飛走，尹吉甫便認定這隻鳥是兒子化身，就回頭手刃了後妻。雖然不知道尹吉甫當時看到的是哪種伯勞，但那隻目擊這樁家庭憾事的伯勞可能感覺相當尷尬，牠只是站在那邊叫了幾聲而已耶！

不是猛禽的「小猛禽」

伯勞們有高明的獵食技巧，擁有彎且尖的鳥喙，會捕食各種昆蟲、兩棲爬蟲類、小型鳥類和嚙齒動物，常被戲稱為「小猛禽」。

臺灣常見的伯勞鳥鄰居有兩種，分別是小一點的冬候鳥紅尾伯勞以及較肥美、尾巴長度更勝一籌的留鳥棕背伯勞。

串燒備料專家

蟲串、蜥串、蛙串、鼠串、鳥串

伯勞還有個很特別的行為，是會把獵物掛在像是樹枝、鐵絲一類的尖刺上再撕開食用，也會把沒吃完的食物暫時留在刺上。不過就像人們放在公用冰箱的食物時，常會被其他人有意或無意的「誤食」，伯勞鳥插在田邊的串燒美食，也常成為其他伯勞鳥的點心！

曾經也被人類串成烤小鳥（鳥仔巴） 鳥仔巴 Tsiáu-á-pa

阿公的阿公的阿公那時候喔！
鳥仔踏陷阱超多的！
怕
但時代不同了！我現在可是縣鳥，還兼送信唷！
我也要郵局專用包包啦！
還是離牠們遠一點……
久違便當菜麻雀

紅尾伯勞目前已被列入保育類名單中，其實目前牠們數量並非真的很少，但過去牠們的數量更是多到誇張，根據老一輩的屏東居民所說，是開窗時都可能有伯勞鳥跌進來的程度呢！在物資貧乏時，鳥常被先民抓來補充蛋白質，只要用「鳥仔踏」這種傳統陷阱就能輕易誘捕。後來還演變成一大排專賣觀光客的烤小鳥攤販，讓無數群過境臺灣的紅尾伯勞死傷慘重！幸好隨著保護動物的觀念逐漸普及，紅尾伯勞後來也被列入保育類名錄，紅尾伯勞現在更搖身一變成為屏東縣鳥。除了在楓港有伯勞鳥生態展示館，在枋山郵局外，還有身著郵差制服、背著郵筒包包的超大隻紅尾伯勞站崗，愛鳥的朋友們來此一遊時，別忘了去找這隻伯勞郵差合照唷。

金門常駐鳥鄰居代表

戴勝

宛如人名

問鳥卦

去金門有什麼一定
不能錯過的嗎？

學名｜*Upupa epops*
體長｜約28～33公分。
分布地｜廣泛分布於非洲、歐洲南部和亞洲的中部與南部。
特殊觀察｜戴勝在臺灣是稀有的過境鳥。因為外形特別，因此在歷史中很早就有相關記載！

如果常看羽球比賽，或許會注意到，每當羽球國手戴資穎出場比賽時，常有支持者會貼出一隻橙色的鳥來應援。這一隻擁有斑馬條紋的翅膀、扇形冠羽還有如軍刀般鳥喙的美麗鳥兒，就是金門頗具特色的鳥鄰居——戴勝！

超有記憶點的名字和長相

英文"Hoopoe"
是來自超有特色的叫聲
有特別的
拋接進食動作！
黑白相間的翅膀

戴勝的名字聽起來很像人名，但其實牠的「勝」不是一般人名中常引用的勝利之意，而是指首飾。戴勝平時頭上像平放了一根茭白筍，但這把羽毛可以豎起張開，就像開了花或是戴了王冠。

戴勝在臺灣本島是少見的冬候鳥和過境鳥，但在離島金門可是十分常見的鳥鄰居，能看見牠們在草地上四處逡巡找蟲，並用相當俏皮的拋接方式把蟲吃進嘴裡。

華麗的腦袋開花

同理
誰？？

戴勝不常洗澡，但喜歡把身體埋進沙堆進行「沙浴」。牠們喜歡在開闊的草地、公園、果園，以及樹木稀疏的林地中活動，常常現身在村莊附近或開墾過的區域。每年的四月，是戴勝從度冬地北返時，會經過臺灣本島並棲息於臨海的溼地區，若剛好選對時機，就有機會在嘉義東石鰲鼓溼地等地區，一探牠們的芳蹤喔！

曾經「墓坑鳥」
會在現成的孔隙洞穴中育雛
餓——
餓——
古墓派傳人？
沒啦！我們是空洞派的！

戴勝會選在現成的孔洞中育雛，由於金門的地理位置及有較多的土葬，過去不少戴勝會選在墓區找失修的孔隙使用，因此得到「墓坑鳥」或是「棺材鳥仔」的外號，而被認為是不吉利的鳥。不過戴勝也很愛在古厝找合適的位置，加上平時會在農田草地覓食，所以牠其實是非常貼近生活的鳥類喔。

金門有不少在本島難得一見的鳥鄰居

戴勝是金門很具代表的鳥種，是金門鳥會的會鳥，也是金門觀光公車的吉祥物，成為縣鳥指日可待！

由於金門地理位置較接近中國大陸，和隔了臺灣海峽的臺灣本島，在物種上差異頗大，許多很少路過臺灣的鳥類，在金門都是常駐居民。除了鳥之外，金門還有大型的緬甸蟒和本島已經看不到的歐亞水獺。下回走訪金門時，除了參訪人文地理景點外，也別忘了多留些時間拜訪這些動物們吧！

友善農法

傳統農業使用了大量化學肥料和農藥，導致許多鳥兒成為無辜的犧牲品。那有沒有什麼能保障農民收成，又兼顧環境保護的農耕方式呢？答案是──友善法。

「綠色保育標章」最初是在保育類水雉誤食農藥的事件後，才開始推廣的新嘗試，至今大約推行了十年以上。該標章的設計是從友善環境的角度出發，鼓勵農民不施用化學合成農藥、化學肥料、除草劑或其他有害環境和物種的人為物品，期待農田不僅能維持穩定生產，提供消費者豐富安全的食物來源，同時能成為讓所有生物都能安心覓食、棲息的友善環境，進而建構農田的生物多樣性。

由於獲得綠色保育標章的這些農產品生產地同時也是眾多小動物的家，因而常會選擇特定動物來「代言」，又因農地類型的不同，除了稻田還有各種果菜、茶園，各自的代言動物也不同。不過農民選擇的標的物種大都是保育類，特別是以鳥類為主。例如環頸雉有超過二十筆代言，是其中的「大戶」，靠山的農田常選臺灣藍鵲、大冠鷲，南臺灣水田則是水雉，宜蘭則有彩鷸。除鳥兒之外，代言的動物還有石虎、穿山甲，也有蛙蛇等農地好朋友唷！人氣麻雀雖然不符合標的物種的保育類資格，但牠們同是常見農地鳥一員，在這裡同樣也能受到保護！

目前已經有近五百位農民加入綠保標章的行列，儘管數量還不多，但相信大家都在為了環境和動物盡一份心力！

溪流河濱海岸

臺灣四面環海，又有許多溪流溼地。
湍急的溪流、平靜的湖泊，
還有鹹淡交界的水域、地貌多變的海岸線與廣闊大海，
為鳥兒準備了豐富的食材與舒服的住所，
給了牠們各種居住和覓食的選擇。

黃頭鷺
小白鷺
河口溼地、
沙灘
臺灣紫嘯鶇
大家需要的
都不一樣嘛！
白鶺鴒
黑面琵鷺

很普通的不普通

普通翠鳥

這個普通不是
平凡的意思喔！

問鳥卦

為什麼被取名「普通」？那有特殊翠鳥嗎？

學名｜*Alcedo atthis*
體長｜約15～18公分。
分布地｜分布於歐洲、亞洲及非洲北部，以及印尼多島嶼。
特殊觀察｜是歐洲唯一可見的翠鳥，也是最廣為人知，與體型最嬌小的翠鳥。

普通翠鳥的英文俗名為 Common Kingfisher，又稱魚狗、魚獅、魚虎、等，是佛法僧目翠鳥科翠鳥屬下的其中一種鳥類。在生物命名中 Common 指的是分布廣泛和典型的意思，所以「普通翠鳥」並不是平凡、沒有特色的意思喔。

生物命名的Common指的是常見及分布廣

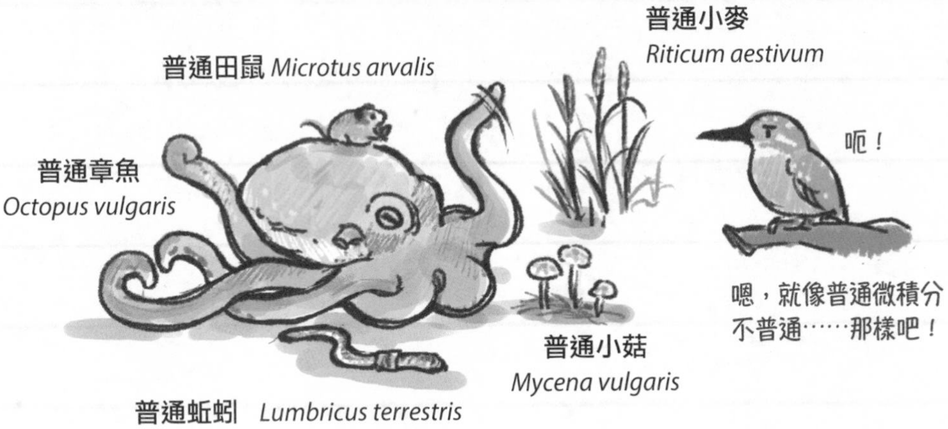

一夫一妻制的的王者

普通翠鳥的外觀上，是明顯的藍橘配色，背上還有一條明顯的寶石藍色的條紋。牠們主要棲息於河流、湖泊、池塘岸邊。幾乎只要有魚棲息的水域就可看到蹤跡。牠們總是站在水邊的樹枝盯著水面，一旦發現獵物，就會以迅雷不及掩耳的速度直衝入水抓捕。

平時獨來獨往的翠鳥在繁殖季時會看到雄鳥抓魚給雌鳥示愛，還會看到牠們跳起有趣的蘿蔔蹲儀式確認伴侶關係。乍看會覺得翠鳥雌雄莫辨，但只要掌握「看起來很像有塗口紅」的特色，細看就會發現——雌鳥的下喙是偏橘紅色，而雄鳥則是上下喙都是黑色的。

會在河岸挖土築巢

現代的堤防多是水泥灌漿
回來囉！
辛苦了！
欸？
這不能住了

儘管普通翠鳥在臺灣分布廣泛，數量也很多，但牠們是以水邊的土堤來挖洞育雛，但現今臺灣溪流多為做水泥提防，對周邊的生態環境都帶來不利的影響，不但降低生物多樣性，也導致普通翠鳥遭遇繁殖困境。

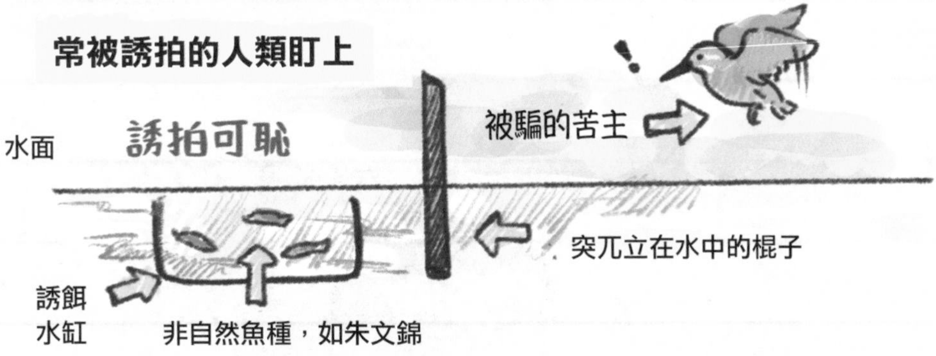
常被誘拍的人類盯上
水面
誘拍可恥
被騙的苦主
突兀立在水中的棍子
誘餌
水缸
非自然魚種，如朱文錦

大部分翠鳥羽色鮮豔、吃魚
是普通屬性島民！
有不普通
翠鳥嗎？
哈哈哈哈哈
例外
笑翠鳥
但和這傢伙比，我是很普通啦！

除了強迫搬家外，普通翠鳥也常被不肖攝影者盯上，為了拍攝牠們抓魚入水的瞬間，甚至在水中放置裝有外來魚種朱文錦的水缸吸引牠們以便捕捉。朱文錦並不是會出現在臺灣水域的野生魚種，另外這些裝誘餌的水缸也常水深過淺導致許多小鳥撞擊受傷。這種以取巧手法拍攝的野生動物照片，是非常不恰當的方式。下次再看到翠鳥抓魚的照片時，可以比對一下是否自然，要用正確的態度來喜歡野生動物喔！

溪流河谷都是我的主場

夜鷺

問鳥卦
聽說南崁溪出現企鵝！真的嗎？
那是夜鷺！夜鷺！夜鷺！

學名｜*Nycticorax nycticorax*
體長｜約40～65公分。
分布地｜分布廣及歐亞大陸、非洲，整個美洲大陸及東南亞等地都可見。
特殊觀察｜夜鷺的雌雄鳥同型，頭頸較短，喙粗壯略向下彎，因此夜鷺在河邊覓食的時候常被戲稱為「姜太公釣魚」。

夜鷺在臺灣是常見的留鳥，部分夏候鳥則會在九月時南遷度冬。夜鷺屬於有樹棲性的鳥類，也很喜歡在水域附近活動，因此常常可以在紅樹林、竹林及木麻黃防風林間發現牠們群聚的身影。

夜鷺曾因棲息在桃園南崁溪邊，卻被圍觀的民眾誤認為企鵝而聲名大噪，甚至有了「南崁企鵝」的外號，其實，那是因為夜鷺的頭頸較短，喙粗壯略向下彎，遠遠看牠泡在水中縮起脖子的正面模樣，和頰帶企鵝還真的有幾分相似，而且夜鷺不只會飛，還真的能化身成鴨子的模樣打水游泳呢。

「企鵝、企鵝，多少夜鷺假汝之名而行！」

經常在人類生活周遭出現的黑冠麻鷺，因為跟夜鷺一樣常常矗立在水邊或是草地上而常常被誤認。尤其兩種鷺的尺寸接近，而且成年之前的模樣還很像——夜鷺幼鳥是偏咖啡色身上有水滴形白斑，黑冠麻鷺幼鳥則是偏灰藍色有大量白色小點點，真的不易分辨呢！

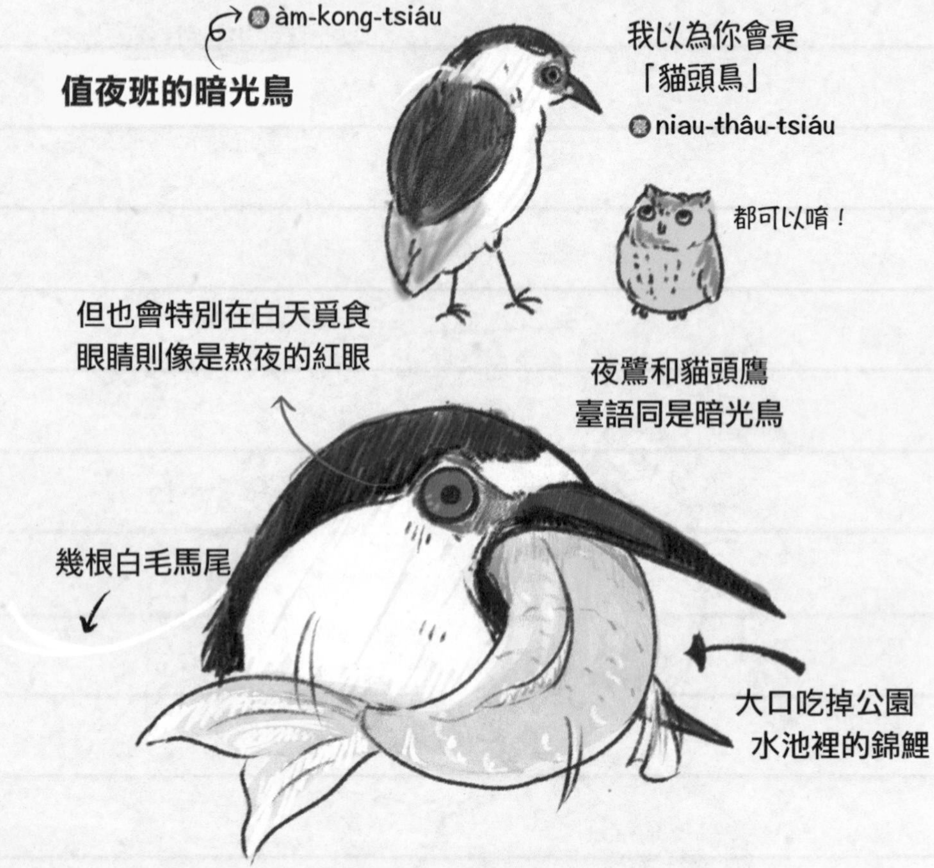
臺 àm-kong-tsiáu
值夜班的暗光鳥
我以為你會是
「貓頭鳥」
臺 niau-thâu-tsiáu
都可以唷！
但也會特別在白天覓食
眼睛則像是熬夜的紅眼
夜鷺和貓頭鷹
臺語同是暗光鳥
幾根白毛馬尾
大口吃掉公園
水池裡的錦鯉

夜鷺的臺語是「暗光鳥」，雙眼血紅色的虹膜看起來真的像是熬夜的樣子，但牠們不只夜晚活動抓魚，白天也常見牠們站在水邊，全臺灣中、低海拔的溪流、池塘和魚塭幾乎都可見到牠們縮著脖子，認真等待出擊的機會。身為投機的掠食者的夜鷺，也會吃其他水中的甲殼貝類和青蛙，甚至還會翻人類的垃圾和廚餘。

生存之道
其一，用偷的
其二，用餌
小偷！
又是你！
動物園水獺區
夜鷺在發糧耶！
別去！
又～菜單之一！
聰明又投機的掠食者

聰明又大膽的夜鷺，有相當多的覓食花招。牠們的生存之道花招非常多，懂得接近釣魚者，看看有沒有機會偷魚甚至直接討到魚；也會利用餌料「餵魚」吸引魚來，甚至會在動物園展場蹲點，等動物放飯時間偷魚。在日本更曾有夜鷺混進企鵝群中魚目混珠偷飼料魚吃；在臺灣則有每天下午固定到水獺展場報到蹲點偷魚的夜鷺。動物園人員也曾發現，過去曾有夜鷺因為靠太近水獺而不慎被攻擊，只能說夜鷺的投機總是會弄巧成拙的，真的別偷別人的食物啦！

誰在田裡摔一跤？

小白鷺&黃頭鷺

問鳥卦
「白翎鷥，車畚箕，車到溪仔墘。」裡的白翎鷥是哪位？
不是哪位，是指鷺鷥科的鳥類啦！

學名｜小白鷺 *Egretta garzetta*（左）；黃頭鷺 *Bubulcus coromandus*（右）
體長｜小白鷺較大約60公分，黃頭鷺約50公分。
分布地｜歐亞非、南洋群島以及澳洲皆可見，小白鷺在中東、紐西蘭亦可見。
特殊觀察｜在臺灣全年可見，小白鷺是單純的水鳥，因此常現蹤在乾淨的溪流和水溝池邊；黃頭鷺常在農田裡覓食，因此又被稱為「牛背鷺」。

「白翎鷥，車畚箕」是大家耳熟能詳的臺語童謠，「白鷺鷥」是農村常見的鳥類，但白鷺鷥其實並不是專指一種鳥，而是泛指多種鷺鷥科的鳥，其中最容易讓人混淆的就是小白鷺和黃頭鷺了。

農村常見「白鷺鷥」實際上是……？

車畚箕~
跋一倒~
黑嘴
黑腳
黃腳趾
一仙錢
想欲買餅送大姨
略大　略修長
你這梗也太老！
蛤？你跌倒後在
口袋發現200元？
黃嘴、黑腳
黃腳趾
又叫「牛背鷺」
小白鷺＆黃頭鷺

繁殖期間的羽衣

幾根小馬尾
這時候才會黃頭
黃背
戀愛裝束
長出飾羽
粉紅腳和眼線
則不一定都有

繁殖期時小白鷺和黃頭鷺才有明顯區別，小白鷺的飾羽會蓬蓬的像婚紗一樣，腦後也會長出幾根長毛。

夏季也是繁殖季初期，此時才真正「黃頭」長出橘黃色的羽衣，稱之為「繁殖羽」或是「蓑羽」。到了交配時期，嘴喙與腳更會轉變成桃紅色，一般稱之為「婚姻色」。

鷺鷥林
小白鷺與黃頭鷺以及夜鷺一起居住的大型集合鳥宅
嘎啊！
過去一點啦！
嘎嘎嘎——
你家好吵！
媽——餓餓
噗通！
有鳥落水的聲音

平時小白鷺喜歡待在水邊覓食水生動物，而黃頭鷺則喜歡往乾一點的地方，還會很聰明的跟在耕作的人類和牛身後，藉機捕捉被驚擾而飛起來的小昆蟲呢！雖然習性不太一樣，但兩種鳥鄰居選擇養小孩的地方則相同，會和夜鷺一起在水邊的大樹上共同築巢，這三種鳥棲息會讓整片樹上遠看像開滿白花，想當然爾，但樹下勢必也會開滿斑駁的屎花。

在臺灣能看見的「白鷺鷥」

大白鷺 *Ardea alba*
小白鷺 *Egretta garzetta*
中白鷺 *Ardea intermedia*
唐白鷺 *Egretta eulophotes*

咦！你不加入嗎？
和蒼鷹、紫鷺、綠簑鷺還有栗小鷺組成五色鷺感覺比較有鑑別性！
那夜鷺呢？
夜鷺那個叛徒去當企鵝了，是說你們看起來很好吃……
不要這樣啦！

臺灣目前被記錄到的鷺科（Ardeidae）鳥類有20多種，其中小白鷺、中白鷺、大白鷺、黃頭鷺、唐白鷺、岩鷺等身披雪白羽毛的種類就是大家所謂的「白鷺鷥」，也是我們最容易混淆的一群，有機會見到時，試著一起來好好辨別吧！

自行車飆風急煞高手

臺灣紫嘯鶇 ㄉㄨㄥ

問鳥卦

傳說中的「溪澗四寶」是哪幾位？

臺灣紫嘯鶇、小剪尾、河烏、鉛色水鶇！

學名｜*Myophonus insularis*
體長｜約28～30公分。
分布地｜臺灣（本島海拔150至2100公尺山區）。
特殊觀察｜在臺灣為普遍的留鳥，也是臺灣特有種。

臺灣紫嘯鶇全身以藍黑色系為主，最明顯的特徵是胸腹上那同色系的鱗片狀斑點。當臺灣紫嘯鶇停棲在樹梢時，常將尾羽張開成扇形，是具領域意識鳥類，對環境中的動靜很敏感，只要稍有察覺就會迅速飛離。

不確定是否真實存在的自行車安全帽

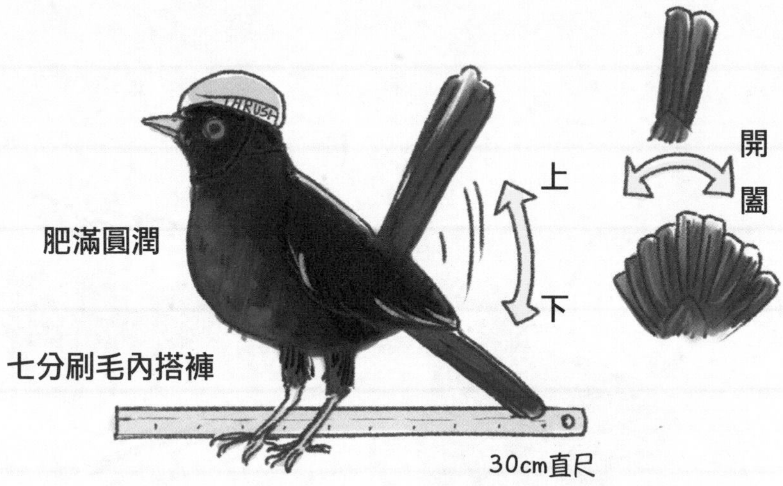

臺灣紫嘯鶇主要分布在中、低海拔森林中的山澗、溪流、峽谷及岩壁，通常除了繁殖季之外，大多是以獨自活動為主。牠們最活躍的時間是在黃昏、清晨或者陰天時，在這些時段，常常可以看到這藍色的小身影在森林溪流和河床上停留，並在岩石間跳躍及奔跑。

此外，臺灣紫嘯鶇也不怕在有人類的住宅區、校園活動，近年來，觀察和記錄牠們在城市活動的次數正逐漸增加，甚至就在一些大樓的窗臺底下默默的築巢而居了呢！

臺灣紫嘯鶇和嘯鶇屬的鳥類有著共通的特色，那就是牠們那令人難忘的鳴叫聲！除了在每年三月至九月的繁殖季會有好聽的和鳴，平時則是常常發出很像腳踏車緊急煞車的尖銳嘰啊聲，尖銳又高分貝，像是真的發自丹田的長嘯，十分引人注意，但實際看著牠們叫並沒有特別激動，而是很輕鬆的就開始飆高音。這種像是在捍衛領域的叫聲，大多在清晨會出現，但也有愛半夜練車的飆風小鳥，讓聽到的人都有想幫牠車輪上油的衝動啦！

嘴上飆風鳥鄰居

口哨威力極大

＊此為戲劇表現

　　嘯鶇屬（*Myophonus*）源自希臘文，其中*Muia*的原意是「蒼蠅」的意思，*phoneus* 的原意則是「殺手」的意思，因此合起來就是「蒼蠅殺手」，意指嘯鶇屬的鳥類很擅長捕食昆蟲。而臺灣紫嘯鶇當然也不例外，不過除了昆蟲外，牠們也吃蚯蚓、魚蝦、兩棲爬蟲類等，所以這回麻雀球終於輪休，不用登上每日例餐囉！

　　臺灣紫嘯鶇雖然乍看一身黑，但在光線照射下羽毛會呈現美麗的金屬藍紫光，非常的美麗，所以也有「琉璃鳥」這個美麗的稱呼。機場捷運線的紫色車身，就是參考臺灣紫嘯鶇而設計，機捷上也能看到肥美的紫嘯鶇吉祥物，但要重現超吸睛的金屬藍紫光好像還是有難度啦！

捷運的紫是紫嘯鶇的紫
粉嫩嫩的機捷紫
我們是鶲科的驕傲！
可是媽，那個紫……
難以人工重現的紫
鳥仔影城
鳥仔影城
溪澗四寶
Mr. & Mrs
Myophonus
大寶傳奇
我們倆
領幾次的
便當了？
3次了。
休假日

尾巴搖不停的小妖精

白鶺ㄐㄧˊ鴒ㄌㄧㄥˊ

問鳥卦
走起路來尾巴會一抖一抖的是哪位？
百分之八九十是愛搖尾的白鶺鴒吧！

學名｜*Motacilla alba*
體長｜約16～19公分
分布地｜分布在歐亞大陸的大部分地區和阿拉伯地區。
特殊觀察｜以昆蟲及種子為主要食物，但也吃廚餘，因此也稱「廚餘鳥」。

有著白淨臉頰，又像圍著黑色圍巾的白鶺鴒，全身羽毛顏色黑白相間、對比明顯。牠們和其他鶺鴒科鳥類一樣，飛行時會呈現波浪狀的路線，邊飛還會邊發出「唧唧、唧唧」清亮叫聲，停棲時則喜歡不停擺動搖晃可愛的小尾羽。

看過就忘不了的特別行為

溪流田邊常見的鳥鄰居

也被稱為「牛屎鳥」、「帶路鳥」

白鶺鴒很常出現在水邊，所以也是水田常客，由於以小蟲為食，人們注意到牠們會在牛屎旁吃被吸引來的昆蟲，所以叫牠們是「牛屎鳥」。除此之外，牠們還有另一個「帶路鳥」的別名，因為白鶺鴒走路的方式很特別，常常搖頭擺尾的快速奔

走一陣子後，又走一下、再停下來，還一副不怕人類的模樣，很容易讓人好奇的跟在後面觀察，相信第一次看到這種可愛鳥鄰居的朋友，都會不自覺跟在牠們身後想一探究竟！

像是自選造型一樣多變的亞種外觀差異

白鶺鴒在歐亞大陸有多個不同亞種，每個亞種都長得不太一樣，在臺灣至少可見三個亞種，最常見的是留鳥「白面白鶺鴒」，冬候鳥則另外有長有黑眼帶的「黑背眼紋白鶺鴒」和「灰背眼紋白鶺鴒」，三種都像是穿了黑色圍兜兜一樣，加上縮起脖子就成了一球，真的是非常迷人的小妖精！

平時白鶺鴒多是單隻行動，但有不少地方會發現牠們集體夜棲的「鶺鴒樹」。這是因為白鶺鴒早已適應了人類環境，因而有時會集體選擇燈火明亮的大馬路上的行道樹一起休息過夜，最多可以高達上千隻非常驚人，像是嘉義的文化路夜市就有三棵小葉欖仁行道樹成了鶺鴒樹，是當地一大特色呢！

集體夜棲的特色「鶺鴒樹」

甚至可達上千隻一起過夜喔！

小不點鷗鷗

小燕鷗

問鳥卦
在沙灘看到鳥蛋可以撿嗎？
別亂撿！萬一撿到小燕鷗的蛋，可是會犯法喔！

學名｜*Sternula albifrons*
體長｜約22~28cm。
分布地｜廣泛分布於歐洲、非洲、亞洲及澳洲。
特殊觀察｜臺灣最小的鷗科鳥類，也是保育類野生動物，嘉義縣、宜蘭縣及花蓮縣是目前分布數量最多的三縣市。

每年的四月至七月是燕鷗到訪臺灣繁殖後代的高峰期。雖然種類不少，常常讓人分不清，但外形明顯嬌小許多的小燕鷗，倒是相對容易辨識許多。此外，小燕鷗更是少數在臺灣本島繁殖的鷗科鳥類呢！

像燕子的鷗鷗

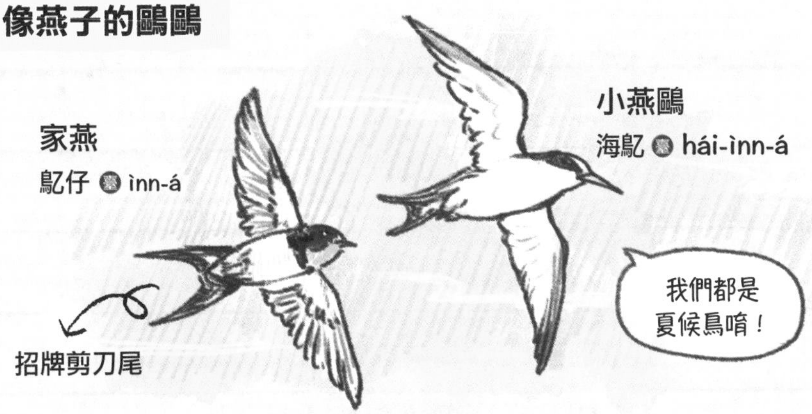

「燕鷗」顧名思義是像燕子的鷗，在飛行時燕鷗的尾巴有類似燕子的剪刀尾，但其實打開來還是偏扇形。小燕鷗是燕鷗家族中的小不點，因為嘴尖都有黑色，不少鳥友還會調侃牠們是迷你版的「神話鳥」黑嘴端鳳頭燕鷗。在澎湖，因為小燕鷗常會捕捉丁香魚，所以又被稱為「丁香鳥」，是個相當可愛的外號呢！

燕鷗和鷗　雖然都是鷗科

鷗科鳥類中，大家最熟悉的應該是叫聲別樹一格的海鷗吧！特別是很常可以在新聞或是網路影片中看到各種誇張打劫人類食物的海鷗，但不是所有海鷗都被寵得這麼刁蠻喔，在臺灣就不太有機會看到這種畫面。因為，燕鷗較不親人，會和人類保持距離，大都自己捕食魚蝦，不會像海鷗跑到人類附近取食或翻找垃圾。

唯一在臺灣本島生小孩的鷗

不築巢直接在地上育雛

繁殖季人類的花式干擾

亂撿蛋和小鳥、沙灘車破壞棲地、遊蕩犬騷擾

小燕鷗主要是出沒在海岸、河口、沼澤、魚塭及鹽田等溼地環境。覓食時會在空中觀察，一旦發現獵物後就會立即俯衝入水面捕食小魚和甲殼類。每年固定造訪臺灣的鷗科鳥類不少，但是只有小燕鷗會留在這裡繁殖。牠們會在岩灘地面產下很像石頭的鳥蛋。小燕鷗家的幼鳥出生後就已經是毛絨絨、有移動能力的小鳥，看起來總是一副「氣鼓鼓」的臭臉在等爸媽帶食物回家。不過近年來，小燕鷗的繁殖區常受人類、遊蕩犬隻和工程施工等因素影響，默默造成育雛的不安定因素。

為了提供小燕鷗安心育雛的環境，現在多個繁殖棲地都有特別造景並監測保護，當中最有趣的是「間諜鷗鷗」了！由於鷗科喜歡群聚活動，小燕鷗們也會選擇鄰近位置築巢，因此在繁殖地安排這些水泥做的假鳥，它們雖然不會生蛋養小孩，但繁殖地「站崗」，卻能讓遠道而來的小燕鷗安心下蛋、，並孵化。在同樣的方式，為了保育在離島築巢的黑嘴端鳳頭燕鷗，也會出動間諜假鳥大鳳頭燕鷗當作先遣部隊喔！

熟悉的湯匙嘴
黑面琵鷺

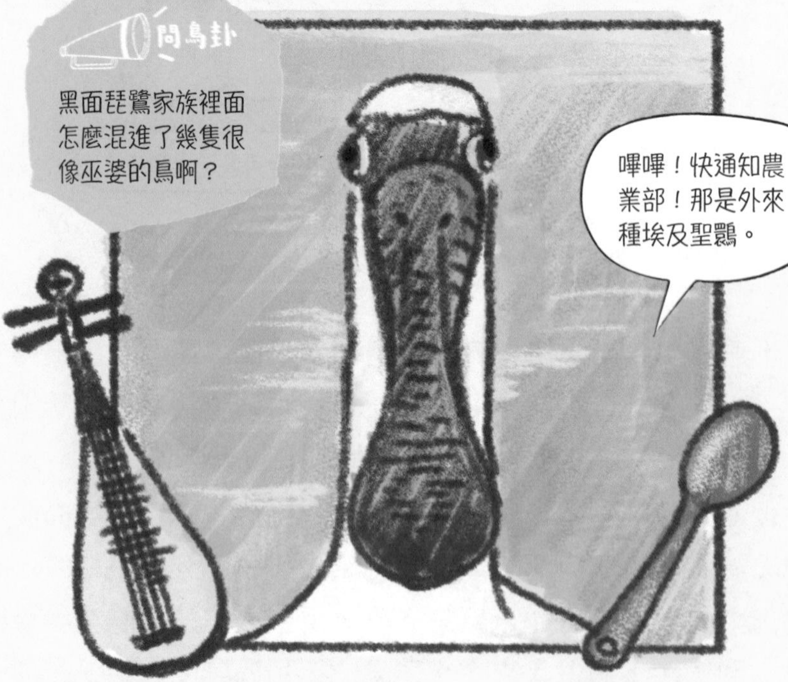

問鳥卦
黑面琵鷺家族裡面怎麼混進了幾隻很像巫婆的鳥啊？
嗶嗶！快通知農業部！那是外來種埃及聖䴉。

學名｜*Platalea minor*
體長｜約71～83公分。
分布地｜目前只分布在東亞及東南亞地區。
特殊觀察｜全球瀕危物種之一，臺灣是黑面琵鷺最主要的度冬棲地！

每年有許多候鳥在臺灣來來去去，有只是路過就快速離去的過境鳥、夏天飛來臺灣繁殖的夏候鳥，還有許多待上整個冬天，直到隔年春天才飛往北方的冬候鳥，其中有位候鳥鄰居想必大家都非常熟悉，那就是有很多外號的——黑面琵鷺。

因黑臉、湯匙嘴和喇水習性得到很多外號

飯匙鵝、黑面勺嘴
烏面抐桮臺oo-bīn-lā-pue
誰啊你？
你誰啊？
你是黑臉，
我也是黑臉，
我們應該沒什麼
不同吧？
覓食橫掃
平平都是䴉科
埃及聖䴉（巫婆鳥）

琵鷺類鳥的共有特徵是，都有跟中國樂器中的琵琶外形相似的大嘴。其中特別值得關注的黑面琵鷺，則是琵鷺屬的六種鳥類中體型最小，也是唯一瀕危的物種。

不只是臺南七股的鳥明星

臺南、高雄和彰化雲林交界占多數

聽說今年宜蘭團多了不少鳥，
去年還有跑去臺北的呢！
互相理毛話家常
湯匙
整理術

臺灣是黑面琵鷺度冬休息地

黑面琵鷺們在北方的朝鮮半島養育下一代，繁殖期結束後就南飛度冬，每年九月至十月會抵臺，直到隔年的三月至五月左右，才會陸續飛離。臺灣是黑面琵鷺非常重要的度冬地，主要集中在南臺灣，不過中部和北部其他縣市偶爾也有牠們的蹤影。

由香港觀鳥會發起的全球黑面琵鷺度冬族群監測，涵蓋東亞和東南亞，各國在每年一月同步進行數量調查。以2024年公布的最新資料顯示，全球一共數到了6988隻黑面琵鷺，其中就有4195隻是在臺灣喔！

臺灣的黑面琵鷺保育之路一開始走得不算順利，多年前曾因七股工業區開發而對溼地保育造成極大的危機，也曾有黑面琵鷺誤闖魚塭覓食而遭到驅離或傷害等。所幸最後，在各方宣導和努力最後終於成立保護區，並劃入國家公園，連帶讓許多鳥類因而受惠。

不時因肉毒桿菌毒素中毒

人類救命！
請支援收容
中毒鳥！

Note

肉毒桿菌廣泛分布在自然界之中，喜歡高溫無氧有豐富營養源環境

賞鳥小筆記

鳥類的公民科學

你是位愛鳥者，想更貼近鳥，除了參加賞鳥活動外，還有沒有什麼方式呢？為你的鄰居鳥留下紀錄，解鎖特定技能領取任務，來成為一個公民科學家吧！

公民科學（Citizen Science）是由一般民眾參與、有組織的科學研究活動，通常由專業人員帶領規劃，讓大眾能系統的參與科學研究。這是因為一個人能蒐集的數據資料有限，但公民科學則聚集了很多人一同投入的心血，能補足傳統科學研究難以蒐集取得的大量資料，或是深入不易調查的區域。

臺灣的公民科學是近十幾年來蓬勃發展，拜智慧型手機方便的拍照功能和地圖定位，以及無線網路的普遍之賜，即使不具備專業科學背景，也能輕裝加入志工行列一起蒐集資料。臺灣最早的公民科學便是「鳥」起的頭，1973年由東海大學環境科學研究中心與各地鳥會的愛鳥人士舉辦的「臺灣地區新年鳥類調查」，同時「社團法人台北市野鳥學會」的前身「台北賞鳥會」也著手進行鳥類調查建立資料庫。如今進行中的計畫仍以與鳥相關的調查計畫占多數，例如有特定時間召集志工進行的鳥類調查，也有目擊目標鳥種即可網路回報或更近一步上傳座標、行為等資訊的資料庫喔！

鳥知識Q&A

Q：如何預防鳥獸觸電事故?

A：一般來說，小鳥站在電線上並不會觸電，那是因為牠們沒有同時橫跨兩條線，不會產生電位差，電流就不會流過身體而被電到。但是，如果小鳥誤觸電線桿上的其他設備，因而產生電位差就會觸電喔！

為了減少小鳥因為誤觸設備、觸電死亡並引起停電的事故，台電人員除了會在非繁殖季積極移除供電設施上的鳥巢外，也會將空中線路包覆絕緣，裝備也更換絕緣設備或進行包覆，同時加強樹木修剪、加裝驅鳥器等，盡力減少小鳥觸電死亡及引發的停電事故。

Q：鳥類的隱形殺手是「窗殺」？

A：都會區高樓林立，無論是辦公大樓的玻璃帷幕，還是居家社區的大面落地窗，都可能因某個光線條件造成鏡像反射，而映照出山林遠景或是樹木影像，讓禽鳥一股腦兒的衝撞，因此而造成受傷或是死亡的憾事。

專家建議，可以透過裝飾吊飾、窗簾、窗貼，甚至改用像磨砂材質等不會造成鏡像反射的玻璃，都能降低禽鳥們撞擊玻璃而受傷的機率。

Q：撿到雛鳥時，可以帶回家養嗎?

A：春天是雛鳥的成長旺季，常常發生小小鳥兒路倒街頭或是草地，並被路人撿拾的狀況。當大家撿到小鳥時，別急著安置，要仔細判斷情況。

如果是還要親鳥餵食的雛鳥，通常都是意外從鳥窩掉落，因此鳥窩應該就在掉落的地點不遠處，只要牠沒有受傷，放回鳥巢會是最好的處理方式。因為有親鳥照顧的雛鳥，存活率會遠高於由人類照顧。

友誼的建立就是
從互相了解開始啊！
希望大家都會因此而更愛
我們這些鳥鄰居喔！啾咪！

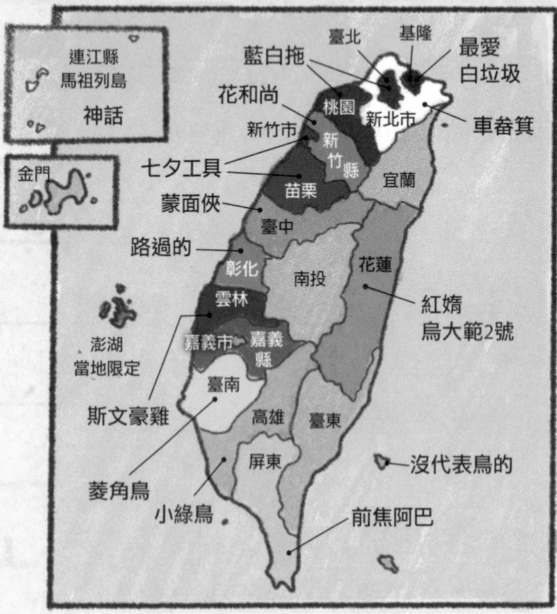

請先由這些常聽到的俗名
猜猜看牠們的正確鳥名喔！

沒有麻雀！

這個世界
不完整啦！

沒想到我們鴉科
這麼受歡迎啊！

不是原生種的喜鵲
居然也這麼受歡迎！

留鳥跟候鳥都有入選喔！
新北市
又見面啦！
鷺鷥（小白鷺）
風好大！
新竹縣
五色鳥
彰化縣
十月見！
灰面鵟鷹
好羨慕啾！
路過的也算耶！
有特色就可以！
「其實白色眼罩像極了行俠仗義的蒙面俠，
將代表著臺中具有重情互助的精神。」
蒙面俠！
帥耶！
當選理由～酷吧！
白耳畫眉
臺中市
特有種果然
不同凡響！
我臺灣特有種耶！

不少縣市鳥
是保育類呢！
我們太難了！
基隆市
唯愛白色
黑鳶
臺南市
「標雉」美女
水雉
嘉義縣
斯文豪
G
?
藍腹鷴
連江縣
你是電
你是光
你是唯一
的……
喙尖注目
黑嘴端鳳頭燕鷗
屏東縣
唉
紅尾伯勞
前。烤小鳥
受難者
不少縣市鳥
是保育類呢！
你們有在地特殊性嗎？
像我和縣花很麻吉說！
澎湖縣
人類說我們是普鳥！
天人菊
小雲雀

論麻雀的特色，果然只有那個……
掠食者在地美食，常見家常便當菜！
別放棄！
美味！
可口！
高雄市
斯氏繡眼
吃你們的也會吃我啊！
但也不是所有縣市鳥都有市政代言優先權……
居然輸給紅面鴨子
花蓮縣
朱鸝
我是觀光公車專屬吉祥物！
金門的戴勝
非縣鳥，但常被當作縣鳥
別這麼說！2022全中運你就是代言「鳥」啊！
你們看，戴勝不是縣市鳥，照樣是金門的招牌代表！
聽說沒縣市鳥的地方會用鳥會鳥耶！
宜蘭縣
大冠鷲說自己是信義區區鳥，那我就以鄉鎮區鳥為目標吧！
南投縣
臺東縣
麻雀啊！加油~好嗎？
嘉義市
麻雀留，沙坑筆記法

參考資料

1、教育部臺灣閩南語常用詞辭典：https://sutian.moe.edu.tw

2、中華民國野鳥學會：https://www.bird.org.tw/about

3、臺灣生命大百科：https://taieol.tw

4、宜蘭縣野鳥學會：https://www.facebook.com/yilanbird/?locale=zh_TW

5、臺灣物種名錄：https://taicol.tw

6、台灣猛禽研究會：https://raptor.org.tw

eBird Taiwan

台北鳥會野鳥
救傷中心

臺灣野生鳥類
緊急救助平臺

全國野鳥救傷諮詢&
政府單位通訊錄

少年知識家

我家附近的鳥鄰居：超搞笑又認真的鳥類圖鑑

從覓食、求偶、築巢、遷徙，觀察鳥兒們令人意想不到的日常！

圖・文｜阿鏘
審訂｜林大利（農業部生物多樣性研究所副研究員）
責任編輯｜詹嫃馨　美術設計｜李潔
行銷企劃｜李佳樺、王予農

天下雜誌群創辦人｜殷允芃
董事長兼執行長｜何琦瑜
兒童產品事業群
總經理｜游玉雪　副總經理｜林彥傑
總編輯｜林欣靜　行銷總監｜林育菁
主編｜楊琇珊　版權專員｜何晨瑋、黃微真

出版者｜親子天下股份有限公司
地址｜台北市104 建國北路一段96 號4 樓
電話｜（02）2509-2800　傳真｜（02）2509-2462
網址｜www.parenting.com.tw
讀者服務專線｜（02）2662-0332　週一～週五：09:00~17:30
傳真｜（02）2662-6048　客服信箱｜bill@cw.com.tw
法律顧問｜台英國際商務法律事務所・羅明通律師
製版印刷｜中原造像股份有限公司
總經銷｜大和圖書有限公司　電話：（02）8990-2588

出版日期｜2024年8月第一版第一次印行
定價｜420 元　書號｜BKKKC275P
ISBN｜978-626-406-005-9（平裝）

國家圖書館出版品預行編目資料

我家附近的鳥鄰居：超搞笑又認真的鳥類圖鑑，從覓食、求偶、築巢、遷徙，觀察鳥兒們令人意想不到的日常！/阿鏘文.圖. -- 第一版. -- 臺北市：親子天下股份有限公司，2024.08
168面；17 x 23 公分. --（少年知識家）
ISBN 978-626-406-005-9（平裝）

388.8　　113009866

訂購服務
親子天下 Shopping｜shopping.parenting.com.tw
海外・大量訂購｜parenting@service.cw.com.tw
書香花園｜台北市建國北路二段6巷11號　電話　（02）2506-1635
劃撥帳號｜50331356　親子天下股份有限公司

立即購買 >

親子天下 Shopping

有聲故事書